U0185214

新专标计算机类课程"双高计划"
建设成果系列教材

Linux
操作系统管理与服务器配置

主编 乔哲 高秀艳 陈辉

中国教育出版传媒集团

高等教育出版社·北京

内容提要

本书为新专标计算机类课程"双高计划"建设成果系列教材之一。

本书是一本面向高等职业院校计算机类相关专业的 Linux 项目开发实践类教材,在 Windows 操作系统中通过 VMware 虚拟机安装 Linux 操作系统并进行相关操作。全书内容涵盖了 Linux 从系统安装到使用的核心知识,包括 VMware 虚拟机的安装与使用,Linux 系统安装、目录结构、文件与目录管理、用户与用户组管理、权限管理、应用程序管理、网络配置和服务器搭建等知识。本书采用项目导向、任务驱动的教学方式,共设置了 12 个依托真实工作场景的项目,每个项目都有明确的学习目标和实现过程,以实际项目为载体,将 Linux 的应用场景、基础知识、常用命令、职业素养等内容与党的二十大精神有机融合,旨在培养学生科技兴国的家国情怀、熟练规范的操作技能和勇于创新的开拓精神。

本书配有微课视频、课程标准、教学设计、授课用 PPT、案例素材、习题库等丰富的数字化学习资源。与本书配套的数字课程在"智慧职教"平台(www.icve.com.cn)上线,学习者可登录平台在线学习,授课教师可调用本课程构建符合自身教学特色的 SPOC 课程,详见"智慧职教"服务指南。教师也可发邮件至编辑邮箱 1548103297@qq.com 获取相关教学资源。

本书为高等职业院校计算机网络技术等相关专业的教材,也可作为 Linux 培训教材以及 Linux 爱好者的自学参考书。

图书在版编目(C I P)数据

Linux 操作系统管理与服务器配置 / 乔哲,高秀艳,陈辉主编. -- 北京:高等教育出版社,2024.2
ISBN 978-7-04-061508-1

Ⅰ.①L… Ⅱ.①乔… ②高… ③陈… Ⅲ.①Linux 操作系统–网络服务器–系统管理–高等职业教育–教材
Ⅳ.①TP316.85

中国国家版本馆 CIP 数据核字(2024)第 012873 号

Linux Caozuo Xitong Guanli yu Fuwuqi Peizhi

策划编辑	吴鸣飞	责任编辑 吴鸣飞		封面设计 张雨微		版式设计 杨 树
责任绘图	易斯翔	责任校对 张 薇		责任印制 存 怡		

出版发行	高等教育出版社		网 址	http://www.hep.edu.cn	
社 址	北京市西城区德外大街 4 号			http://www.hep.com.cn	
邮政编码	100120		网上订购	http://www.hepmall.com.cn	
印 刷	三河市潮河印业有限公司			http://www.hepmall.com	
开 本	787mm×1092mm 1/16			http://www.hepmall.cn	
印 张	14				
字 数	300 千字		版 次	2024 年 2 月第 1 版	
购书热线	010-58581118		印 次	2024 年 2 月第 1 次印刷	
咨询电话	400-810-0598		定 价	42.50 元	

"智慧职教"服务指南

"智慧职教"（www.icve.com.cn）是由高等教育出版社建设和运营的职业教育数字教学资源共建共享平台和在线课程教学服务平台，与教材配套课程相关的部分包括资源库平台、职教云平台和 App 等。用户通过平台注册，登录即可使用该平台。

● 资源库平台：为学习者提供本教材配套课程及资源的浏览服务。

登录"智慧职教"平台，在首页搜索框中搜索"Linux 操作系统管理与服务器配置"，找到对应作者主持的课程，加入课程参加学习，即可浏览课程资源。

● 职教云平台：帮助任课教师对本教材配套课程进行引用、修改，再发布为个性化课程（SPOC）。

1. 登录职教云平台，在首页单击"新增课程"按钮，根据提示设置要构建的个性化课程的基本信息。

2. 进入课程编辑页面设置教学班级后，在"教学管理"的"教学设计"中"导入"教材配套课程，可根据教学需要进行修改，再发布为个性化课程。

● App：帮助任课教师和学生基于新构建的个性化课程开展线上线下混合式、智能化教与学。

1. 在应用市场搜索"智慧职教 icve"App，下载安装。

2. 登录 App，任课教师指导学生加入个性化课程，并利用 App 提供的各类功能，开展课前、课中、课后的教学互动，构建智慧课堂。

"智慧职教"使用帮助及常见问题解答请访问 help.icve.com.cn。

前　言

随着信息技术的不断发展，Linux 操作系统已经成为全球目前最受欢迎的开源操作系统之一，其在服务器、云计算、物联网、人工智能等领域的应用日益广泛。在我国，Linux 技术及其应用也得到了政府和产业界的高度重视，相关人才需求不断增长。

本书为新专标计算机类课程"双高计划"建设成果系列教材之一，是一本面向高等职业院校计算机类相关专业的 Linux 项目开发实践类教材，以实际项目为载体，将 Linux 系统的应用场景、基础知识、常用命令、编程技巧等内容与党的二十大精神有机融合，旨在培养学生的思想品德素养、实践能力和创新精神。

本书将带领读者从零开始学习 Linux。为了降低读者的学习难度，本书基于Windows 操作系统中的 VMware 虚拟机，完成 Linux 相关知识的讲解，涵盖了 Linux 从部署到使用的核心知识，主要包含 VMware 虚拟机的安装与使用，Linux 系统安装、目录结构、文件与目录管理、用户与用户组管理、权限管理、应用程序管理、网络配置和服务器搭建等知识。

本书是一本以项目为导向、以任务为驱动的理实一体化教材，按照 Linux 的知识模块划分，基于真实工作场景设计了 12 个项目，每个项目均通过"学习目标"和"项目描述"来确定本项目所要学习的内容和重点、难点，通过"知识学习"介绍项目的基础理论知识，通过"项目实施"分多个任务和步骤介绍项目的实现过程，通过"项目总结"归纳、提炼核心知识和技能，通过"课后练习"巩固基础知识、强化实操练习。此外，本书还穿插有"小鹅有提醒""小鹅小百科"和"小鹅来支招"环节，针对重点、难点、易错点以及拓展补充的知识展开讲解，增添了阅读的趣味性，能够帮助读者更加深入地理解所学内容。本书具备如下特点：

1. 有机融入课程思政，立德树人润物无声

为推进党的二十大精神进教材、进课堂、进头脑，本书以"加快建设网络强国、数字中国"作为指导思想，首先针对目前 Linux 的最新技术发展成果，在各项目中配套建设微课，着力培养新一代信息产业建设所需要的复合型高技能人才，贯彻科教兴国战略

和创新驱动发展战略；其次结合各项目的应用场景特点提炼出相应的素养目标，并将党的二十大精神与教材中的项目、知识点、技术等内容有机融合，具体体现为：在项目 1 中，设计搭建了大学生创新创业服务器，助力大学生创新创业，引出推进区域科技创新中心建设理念；在项目 2 和项目 3 中，设计搭建了人力资源电子档案资料库和部署空气质量报告管理平台，倡导节约资源和保护生态环境，引出推动绿色发展，促进人与自然和谐共生理念；在项目 4 中，设计搭建了信创产业项目软件管理仓库，推动科技创新发展，引出深化创新驱动发展战略理念；在项目 5 和项目 8 中，设计搭建了校园网络服务器和校园域名解析服务器，以加强校园网络的稳定性和安全防护，引出维护国家安全和社会稳定理念；在项目 6 中，设计开发了乡村数字化平台部署工具，用技术为乡村振兴贡献力量，引出全面推进乡村振兴理念；在项目 7 中，设计搭建了太行山脉社区电子阅览室，丰富居民精神文化需求、传播优秀文化，引出增强中华文明传播力、影响力理念；在项目 9 和项目 11 中，设计搭建了前端服务共享储存服务器和企业资源共享服务器，加强合作共享，引出推进高水平对外开放理念；在项目 10 中，设计搭建了企业学习资源远程管理服务器，为高校学生分享学习资源，引出坚持教育优先发展、科技自立自强、人才引领驱动理念；在项目 12 中，设计搭建了社区健康管理平台服务器，为居民提供便利医疗服务，引出推进健康中国建设理念。通过各项目的精心设计，加强行为规范与思想意识的引领作用，落实"培养德才兼备的高素质人才"要求，为进一步推进网络强国、数字中国的建设助力。

2. 立体资源配套齐全，支持泛在学习需求

为了满足不同读者的需求，本书配备了丰富的数字化学习资源，包括微课视频、课程标准、教学设计、授课用 PPT、案例素材、习题库等多种形式，可以帮助读者能够更加立体化、多样化地理解和掌握书中的内容，从而提高学习效果。

3. 讲解详细、案例跟踪，助力轻松高效学习

本书以浅显易懂的语言和详细的讲解，帮助读者快速掌握 Linux 的基础知识和技能。针对书中的重点、难点、易错点等，进行了单独且详细的讲解，使读者可以轻松理解和掌握这些知识点。此外，书中还提供了丰富的实践案例和课后练习题，帮助读者巩固所学知识，提高实践操作能力。

4. 构建真实项目场景，理实结合提升效果

本书以真实的应用场景为基础，将 Linux 的各个知识模块设计成单独的项目，然后将其拆分为若干个任务和步骤，逐步讲解，帮助读者逐步实现项目目标。这种教学方式能够有效地帮助读者学习和理解所学知识，从而更好地将理论知识应用到实践中。

5. 创新设计小鹅专题，增添趣味，夯实技能

本书在讲解的过程中，穿插了"小鹅有提醒""小鹅小百科"和"小鹅来支招"环节，针对重点、难点、易错点以及拓展补充的知识进行讲解，让读者可以更加深入地理

解学习内容。同时，这些环节以轻松有趣的方式展开，增添了阅读的趣味性，使读者在愉快的氛围中学习，更容易掌握所学知识。

本书由河北软件职业技术学院乔哲、高秀艳、陈辉担任主编，袁洲、赵滨、蔺志贤、胡金扣、刘海龙担任副主编，崔秀艳、佟磊、王跃光、杨冰倩、田也、王培担任参编。限于编者的水平，书中的疏漏与不妥之处在所难免，敬请读者批评指正。编者的电子邮箱：287040137@qq.com。教师也可发邮件至编辑邮箱 1548103297@qq.com 获取相关教学资源。

编　者
2024 年 1 月

目　录

项目*1*

搭建虚拟 Linux 操作系统服务器

学习目标

知识目标

- 了解 Linux 操作系统、虚拟技术和远程连接技术
- 了解 Red Hat Enterprise Linux 8 版本的特点
- 掌握 Red Hat Enterprise Linux 8 操作系统的安装方法

能力目标

- 能够使用虚拟机安装和配置 Red Hat Enterprise Linux 8 操作系统
- 能够安装 Xshell 并使用其远程登录到 Linux 服务器

素养目标

- 通过讲解 Linux 操作系统的相关知识，培养学生树立正确的计算机系统观和发展观，增进对中国制造、科技强国的认同感，增强学生的爱国热情和民族自豪感
- 通过大学生创新创业中心项目，培养学生的创新性思维，树立自主可控的创新意识，提高科技创新能力

项目描述

思维导图
项目 1

　　为了更好地服务学生进行创新创业实践，充分发挥大学生创新创业中心项目的孵化作用，推动"创新服务创业，创业带动就业"，营造创新创业氛围，提升学生的创新创业能力，某学院大学生创新创业中心计划组建校园网，需要部署具有 Web、FTP、DNS、DHCP、Samba、VPN 等功能的服务器。Linux 操作系统具有开源、稳定的特性，是一个既安全又易于管理的网络操作系统，本项目计划使用 Linux 搭建创新创业中心服务器。工欲善其事，必先利其器，首要的任务是安装和配置 Linux 操作系统，为大学生创新创业中心用户提供服务。

知识学习

1. Linux 简介

搭建虚拟 Linux
操作系统服务器

PPT

微课 1-1
Linux 简介

　　Linux 是一款类 UNIX 的操作系统，是管理计算机硬件与软件资源的计算机程序，其最大的特点之一是开源和稳定。

　　Linux 是一类开放源代码的操作系统，任何人都可以下载和使用它，也可以查看和修改其源代码，这使得 Linux 社区能够不断地为其内核和软件生态系统提供各种改进和创新。因此，Linux 操作系统常被用于服务器、超级计算机、嵌入式设备和个人计算机等领域。特别是对于需要高可靠性、高安全性和高性能的应用程序，Linux 通常被认为是最好的选择之一。

2. Red Hat Enterprise Linux 8 简介

教学设计
搭建虚拟 Linux
操作系统服务器

微课 1-2
RHEL 8 简介

　　Red Hat Enterprise Linux 8（以下简称 RHEL 8）是一款商业化的 Linux 操作系统，由 Red Hat 公司开发和维护。它是 Red Hat Enterprise Linux 家族中的一员，提供了企业级的应用程序和工具，支持大量的硬件和软件平台，具备高度的可定制性和可靠性。

　　此系统的主要特点如下所述。

　　（1）性能和可伸缩性：RHEL 8 旨在提供高性能和可伸缩性的服务，可以满足大型企业的高负载要求。

（2）安全性：RHEL 8 提供了多种安全机制，如 SELinux、防火墙和加密技术等，可以保护系统和数据的安全。

（3）可靠性：RHEL 8 采用了冗余设计和故障转移机制，以确保系统的可靠性和稳定性。

（4）可定制性：RHEL 8 支持自定义软件包管理和配置，可以满足企业的特定需求。

（5）社区支持：RHEL 8 提供了专业的技术支持和庞大的社区支持网络，可以快速获取帮助和解决问题。

此外，RHEL 8 还支持各种网络服务、虚拟化和容器化技术、数据库和开发工具等，可以帮助企业构建和部署各种应用程序和服务。

3.　虚拟技术

虚拟技术是一种将一台计算机分割成多个虚拟计算机的技术。每个虚拟计算机都具有自己的操作系统、应用程序和硬件配置，就像是一台独立的计算机一样。虚拟技术的核心是虚拟机监视器（也称为虚拟机管理程序或 Hypervisor），它是一种软件或硬件组件，用于管理虚拟计算机的运行和资源分配。

微课 1-3
虚拟技术

虚拟技术的主要特点如下所述。

（1）资源共享：虚拟机可以共享一台计算机的物理资源，如 CPU、内存和存储器，从而实现资源的高效利用。

（2）隔离性：每个虚拟机都是相互隔离的，这意味着如果一个虚拟机崩溃或出现故障，其他虚拟机将不会受到影响。

（3）灵活性：虚拟机可以根据需要动态地分配资源，从而使计算机的使用更加灵活。

（4）可移植性：虚拟机可以在不同的计算机上运行，从而实现应用程序和服务的跨平台移植。

虚拟技术在云计算、服务器虚拟化、开发和测试环境等领域得到了广泛应用。常见的虚拟化软件包括 VMware、VirtualBox 和 Hyper-V 等。

4.　远程连接技术

远程连接技术是一种可以让用户通过互联网或局域网远程访问另一台计算机的技术。它可以让用户在不同的地点，甚至在不同的时间，访问所需要的计算机资源和应用程序，从而提高了工作效率和便利性。

微课 1-4
远程连接技术

常见的远程连接技术主要有如下几种。

（1）远程桌面协议（RDP）：是一种远程连接协议，可以让用户通过互联网或局域网访问远程 Windows 操作系统的桌面。

（2）虚拟专用网络（VPN）：是在公共互联网上创建一个安全的加密通道，用户可以通过该通道访问私有网络中的计算机资源。

（3）安全外壳协议（Secure Shell，SSH）：是一种加密的网络协议，可以让用户在远程计算机上执行命令和管理文件。

（4）远程桌面软件：是一种安装在本地计算机上的软件，可以让用户通过互联网或局域网访问远程计算机的桌面和应用程序。

（5）远程管理工具：可以让管理员在本地计算机上管理和监控远程计算机的资源和应用程序，如 System Center Configuration Manager（SCCM）和 vSphere。

项目实施

任务 1.1 安装和配置 VMware 虚拟机

微课 1-5
虚拟机的安装

　　VMware Workstation 是一款功能强大的桌面虚拟软件，可以为用户提供在单个桌面上同时运行不同的操作系统，以及可进行开发、测试、部署新的应用程序的解决方案。为了模拟本项目中大学生创新创业中心创建校园网、部署 Linux 服务器的任务，本任务需要完成 VMware 虚拟机的安装和配置。

步骤 1　进入 VMware 安装向导

在 VMware 官网下载虚拟机安装包，双击该软件安装包，进入安装向导界面，单击"下一步"按钮，如图 1-1 所示。

步骤 2　接受 VMware 最终用户许可协议

进入"最终用户许可协议"界面，勾选"我接受许可协议中的条款"复选框，单击"下一步（N）"按钮，如图 1-2 所示。

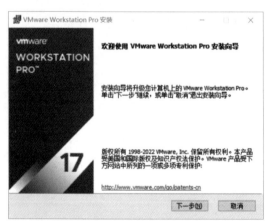

图 1-1　安装 VMware 虚拟机的向导界面

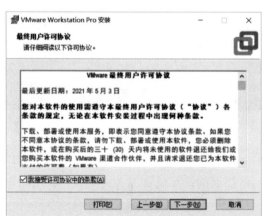

图 1-2　"最终用户许可协议"界面

步骤 3　选择 VMware 安装路径

进入"自定义安装"界面，单击"更改"按钮，选择需要安装的位置，单击"下一步"按钮，如图 1-3 所示。

步骤 4　设置用户体验

进入"用户体验设置"界面，单击"下一步"按钮，如图 1-4 所示。

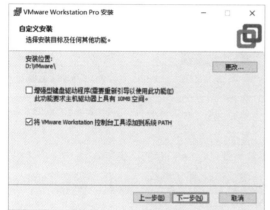
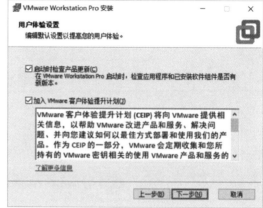

图 1-3　"自定义安装"界面　　　　　　　图 1-4　"用户体验设置"界面

步骤 5　设置快捷方式

进入"快捷方式"界面，单击"下一步"按钮，如图 1-5 所示。

步骤 6　安装 VMware

进入准备安装界面，单击"安装"按钮，如图 1-6 所示。

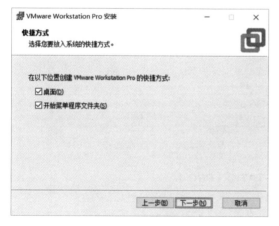
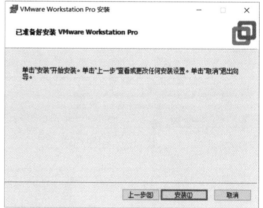

图 1-5　"快捷方式"界面　　　　图 1-6　"已准备好安装 VMware Workstation Pro"界面

进入正在安装界面，如图 1-7 所示。

安装完成后单击"完成"按钮，如图 1-8 所示。

步骤 7　打开 VMware

进入欢迎界面，单击"完成"按钮，如图 1-9 所示。

进入虚拟机管理界面，如图 1-10 所示。

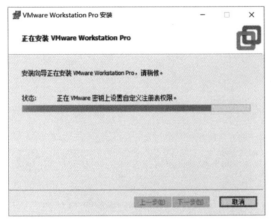
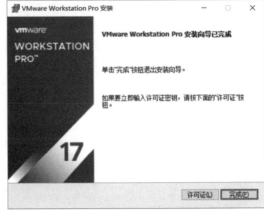

图 1-7　"正在安装 VMware Workstation Pro"界面　　　图 1-8　"VMware Workstation Pro 安装向导已完成"界面

图 1-9　欢迎界面

图 1-10　虚拟机管理界面

任务 1.2　安装 Linux 操作系统

本任务使用 RHEL 8 系统镜像光盘完成 Linux 服务器的部署，为大学生创新创业校园网服务器提供企业级的应用程序和工具。镜像可以通过 RedHat 开发者社区进行下载。

步骤 1　创建新的虚拟机

单击图 1-10 中的"创建新的虚拟机"按钮，进入"新建虚拟机向导"界面，选中"典型（推荐）"单选按钮，单击"下一步"按钮，如图 1-11 所示。

进入选择安装来源界面，选中"稍后安装操作系统"单选按钮，单击"下一步"按钮，如图 1-12 所示。

微课 1-6
操作系统的
安装

图 1-11　"新建虚拟机向导"界面

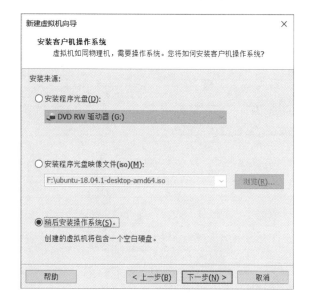

图 1-12　选择安装来源界面

　　进入"选择客户机操作系统"界面,在"客户机操作系统"选项区域中选中"Linux"单选按钮,版本选择"Red Hat Enterprise Linux 8 64 位",单击"下一步"按钮,如图 1-13 所示。

图 1-13　"选择客户机操作系统"界面

　　进入"命名虚拟机"界面,将虚拟机名称修改为 RHEL8,将位置修改为 D:\RHEL8,单击"下一步"按钮,如图 1-14 所示。

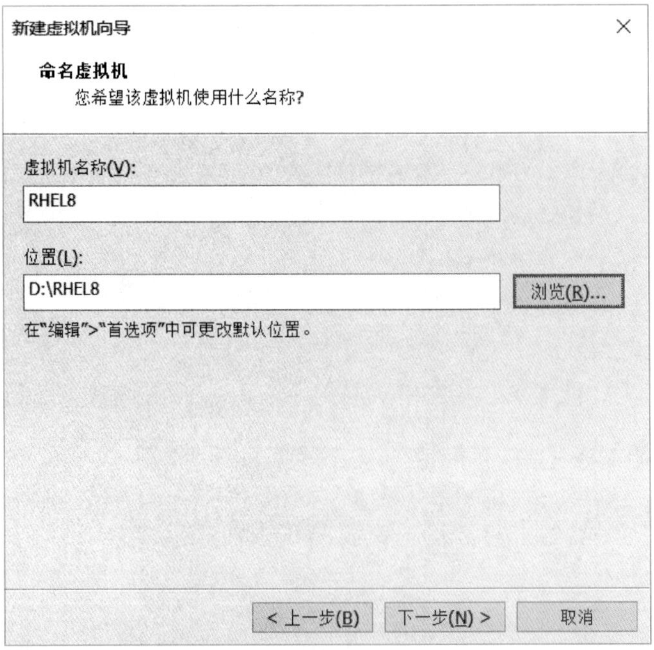

图 1-14　"命名虚拟机"界面

进入"指定磁盘容量"界面，将虚拟机的最大磁盘大小设置为 20 GB，单击"下一步"按钮，如图 1-15 所示。

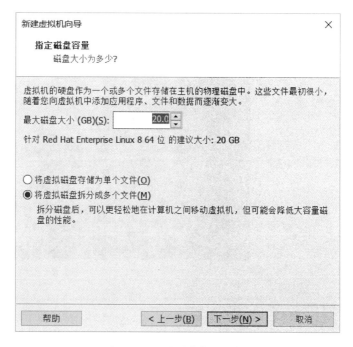

图 1-15 "指定磁盘容量"界面

进入"已准备好创建虚拟机"界面，单击"完成"按钮，如图 1-16 所示。

图 1-16 "已准备好创建虚拟机"界面

步骤 2   设置虚拟机

进入完成创建虚拟机界面，选择"编辑虚拟机设置"选项，如图 1-17 所示。

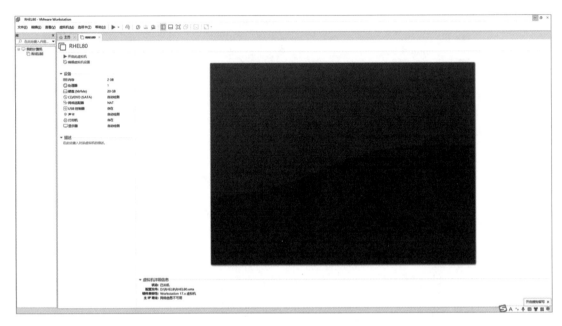

图 1-17   完成创建虚拟机界面

选择左侧的"内存"选项，进入虚拟机内存设置界面，将虚拟机的内存设置为 4 096 MB，如图 1-18 所示。

选择左侧的"处理器"选项，进入虚拟机处理器设置界面，将每个处理器的内核数量设置为 2，如图 1-19 所示。

图 1-18   虚拟机内存设置界面

图 1-19   虚拟机处理器设置界面

选择左侧的"CD/DVD（SATA）"选项，进入虚拟机光驱设置界面，选中"使用 ISO 映像文件"单选按钮，并设置镜像文件的位置，如图 1-20 所示。

选择左侧的"网络适配器"选项，进入网络适配器设置界面，在"网络连接"选项区域中选中"桥接模式：直接连接物理网络"单选按钮，设置完成后单击"确定"按钮，如图 1-21 所示。

图 1-20　虚拟机光驱设置界面

图 1-21　网络适配器设置界面

有问必有答，小鹅小百科

（1）桥接模式：通过使用物理机的网卡，使虚拟机拥有自己的 IP 地址，就像在计算机上虚拟出来另一台主机。它可以访问网内任何一台主机。用户需要手工为其配置 IP 地址、子网掩码，并且和宿主机器处于同一个网段，虚拟机才能和宿主机器进行通信。同时，由于这个虚拟系统是局域网中的一个独立主机系统，可以手工配置其 TCP/IP 信息，从而实现通过局域网的网关或路由访问互联网。

（2）NAT 模式：使用 NAT 模式，就是让虚拟系统借助网络地址的转换功能（NAT），通过宿主机器所在的网络来访问公网，也就是说使用 NAT 模式可以实现在虚拟系统里访问互联网。NAT 模式下的虚拟系统的 TCP/IP 配置是由 VMnet8（NAT）虚拟网络的 DHCP 服务器提供的，无法进行手工修改，因此虚拟系统也就无法和本局域网中的其他真实主机进行通信。采用 NAT 模式的虚拟机的优点：接入互联网十分方便，只要保证宿主机能访问到互联网即可。

步骤 3   安装 RHEL 8

启动创建的 RHEL 8 虚拟机，进入 RHEL 8 安装界面，选择 "Install Red Hat Enterprise Linux 8.4" 选项，按 Enter 键，如图 1–22 所示。

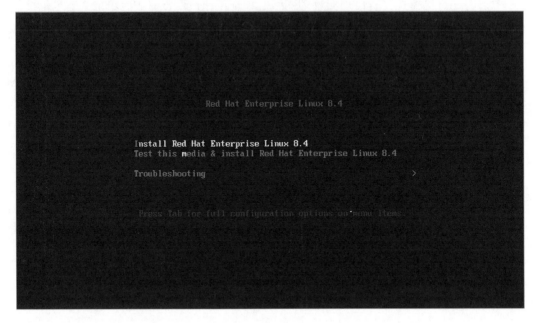

图 1–22   RHEL8 安装界面

进入安装向导初始化界面，如图 1–23 所示。

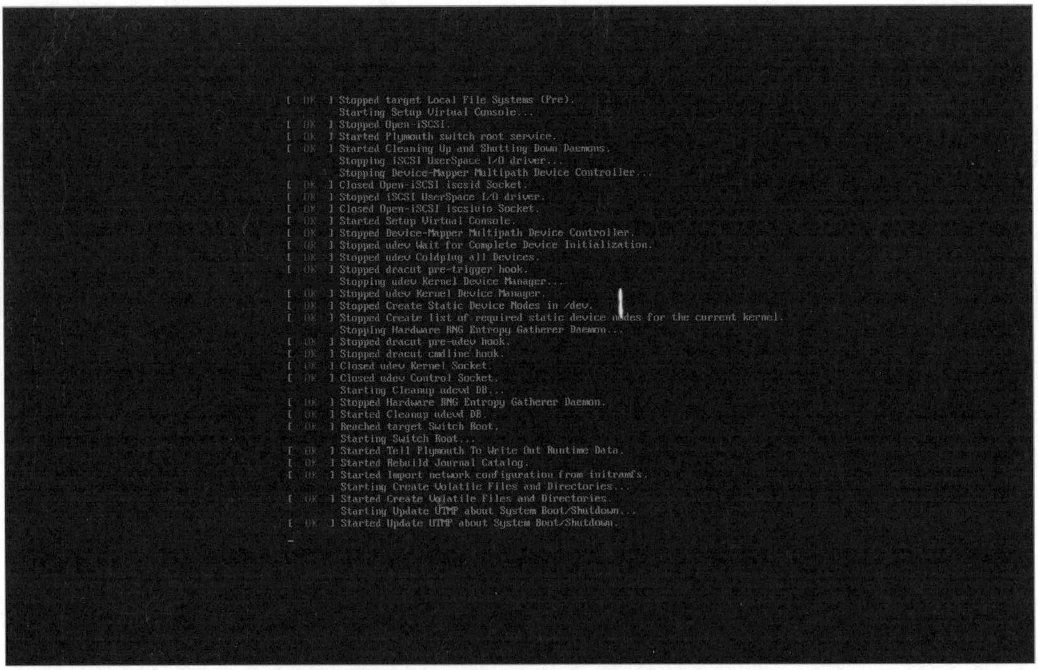

图 1–23   安装向导初始化界面

　　进入选择系统语言界面，选择所需要的语言，单击"继续"按钮。进入安装系统界面，单击"时间和日期"按钮，如图 1-24 所示。

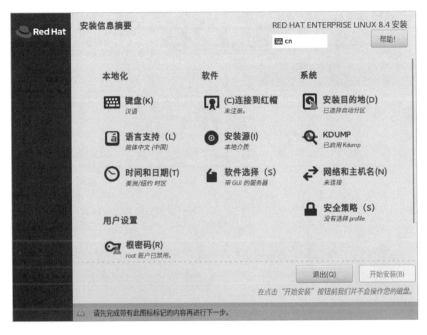

图 1-24　安装系统界面

　　进入时间和日期界面，地区选择亚洲，城市选择上海，单击"完成"按钮。
　　在安装系统界面中，单击"安装目的地"按钮，进入"安装目标位置"界面，设置完成后单击"完成"按钮，如图 1-25 所示。

图 1-25　"安装目标位置"界面

在安装系统界面中，单击"网络和主机名"按钮，进入网络和主机名界面，将以太网（ens160）设置为打开，单击"完成"按钮，如图 1-26 所示。

图 1-26 "网络和主机名"界面

在安装系统界面中，单击"根密码"按钮，进入"ROOT 密码"界面，设置密码并确认，完成后单击"完成"按钮，如图 1-27 所示。注意：如果输入的是简单密码，则需要单击两次"完成"按钮进行确认。

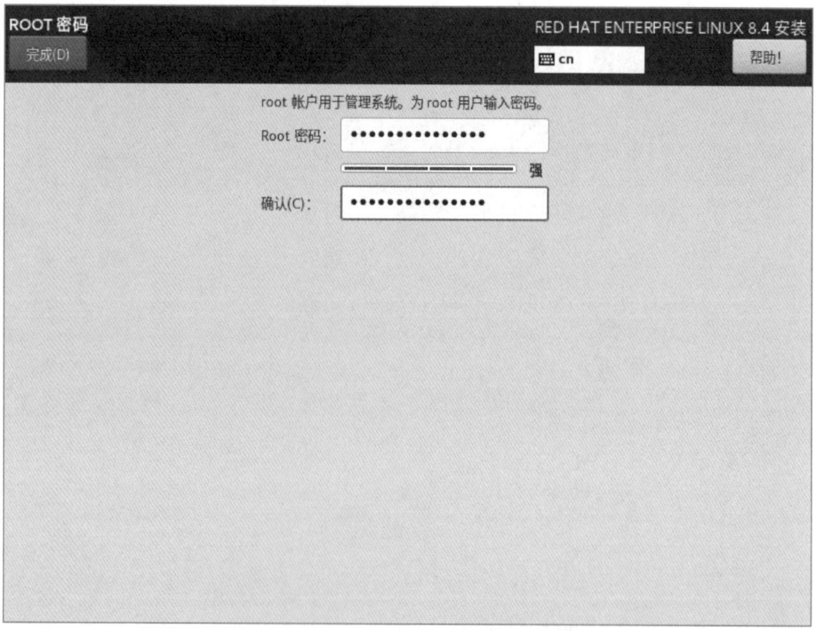

图 1-27 "ROOT 密码"界面

返回安装系统界面后，单击"开始安装"按钮，进入"安装进度"界面，如图 1-28 所示。

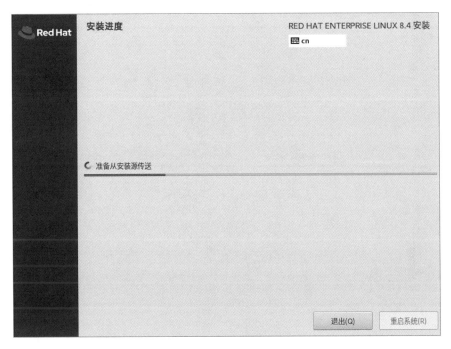

图 1-28　"安装进度"界面

安装完成后，单击"重启系统"按钮，如图 1-29 所示。

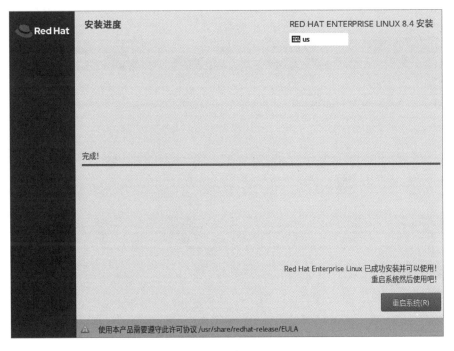

图 1-29　安装完成界面

重启完成后，进入"初始设置"界面，单击"许可信息"按钮，如图 1–30 所示。

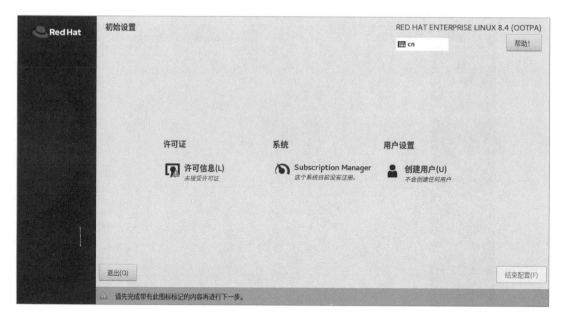

图 1–30　"初始设置"界面

进入许可信息界面，勾选"我同意许可协议"复选框，单击"完成"按钮，如图 1–31 所示。

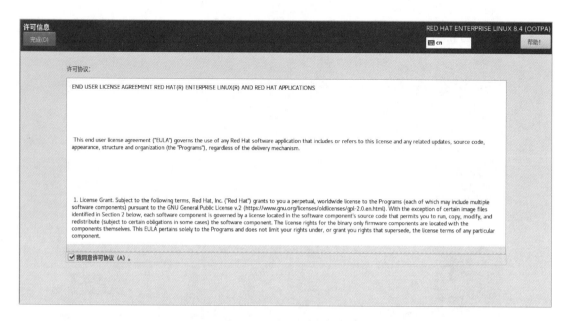

图 1–31　"许可信息"界面

返回"初始设置"界面，单击右下角的"结束配置"按钮，如图 1-32 所示。

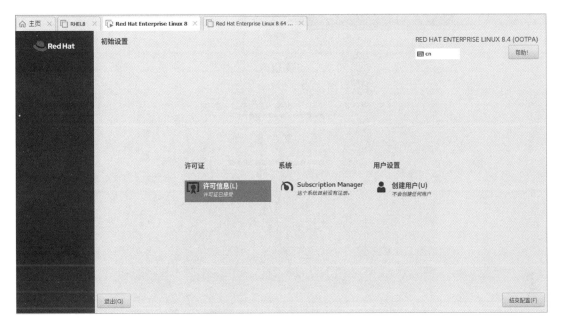

图 1-32　设置完成后的初始设置界面

进入创建本地普通用户界面，填写用户名，单击"前进"按钮，如图 1-33 所示。

图 1-33　创建本地普通用户界面

进入"设置密码"界面，填写和确认密码后单击"前进"按钮，如图 1-34 所示。

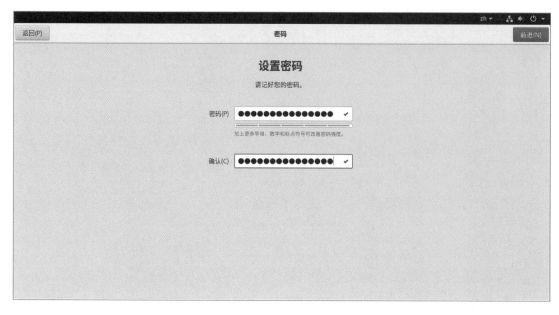

图 1-34 "设置密码"界面

进入系统初始化完成界面，单击"开始使用 Red Hat Enterprise Linux"按钮，如图 1-35 所示。

图 1-35 系统初始化完成界面

进入 Getting Started 功能介绍界面，阅读相关说明后关闭该界面，如图 1-36 所示。

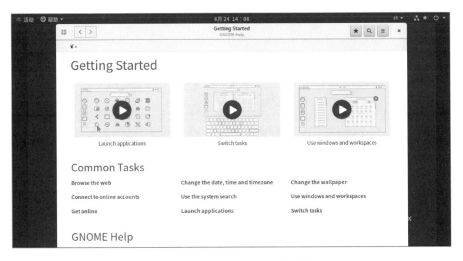

图 1-36　Getting Started 功能介绍界面

进入系统桌面，单击"活动"按钮，出现菜单栏，如图 1-37 所示。

图 1-37　系统桌面

万事有诀窍，小鹅来支招

在使用虚拟机时，有时候会出现系统崩溃出错的情况，造成系统无法继续正常使用以至于需要保存的数据丢失；有时因为部署新环境时操作出错导致部分功能无法使用等。针对这些情况，保存虚拟机快照是一个非常必要的习惯。VMware 虚拟机快照是指在特定时间点保存虚拟机的状态和数据，当出现系统崩溃或系统异常等情况时，可以通过虚拟机快照来恢复磁盘文件系统和数据。

任务 1.3 使用 Xshell 远程连接虚拟机

微课 1-7
Xshell 的安装
和使用

Xshell 是 Windows 操作系统中一款功能非常强大的安全终端模拟软件，支持 Telnet、Rlogin、SSH、SFTP、Serial 等协议，可以对虚拟机中部署的大学生创新创业校园网 Linux 服务器主机进行远程管理。

步骤 1 安装 Xshell

在 Xshell 官网中下载安装包，双击软件安装包，进入安装向导界面，单击"下一步"按钮，如图 1-38 所示。

进入"许可证协议"界面，单击"下一步"按钮，如图 1-39 所示。

图 1-38 安装向导界面

图 1-39 "许可证协议"界面

进入"选择目的地位置"界面，单击"浏览"按钮选择所需要安装的目的地位置，也可使用默认设置，单击"下一步"按钮，如图 1-40 所示。

进入"选择程序文件夹"界面，单击"安装"按钮，如图 1-41 所示。

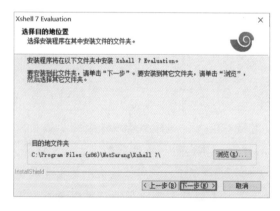

图 1-40 "选择目的地位置"界面

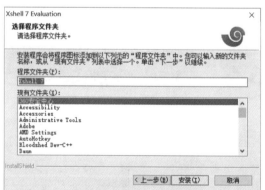

图 1-41 "选择程序文件夹"界面

进入正在安装界面，安装完成后，单击"完成"按钮，如图 1-42 所示。

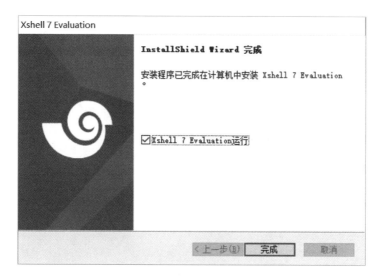

图 1-42　安装完成界面

步骤 2　连接会话

进入 Xshell 会话界面，单击"新建"按钮，创建会话，如图 1-43 所示。

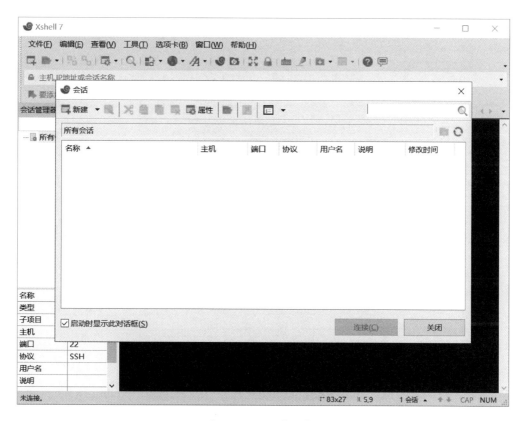

图 1-43　Xshell 会话界面

　　进入"新建会话属性"界面。"名称"为会话名称，设置原则为见名知意；在"主机"处填写需要连接的虚拟机的 IP 地址；其余的选项使用默认项，可不做修改。单击"连接"按钮，如图 1-44 所示。

图 1-44　"新建会话属性"界面

有问必有答，小鹅小百科

　　在"主机"处需要填写目标主机的 IP 地址，那在 Linux 系统中如何查看 IP 地址呢？在 Linux 虚拟机中打开终端，使用 ifconfig 命令可查看 IP 地址。

进入"SSH 安全警告"界面，单击"接收并保存"按钮，如图 1-45 所示。

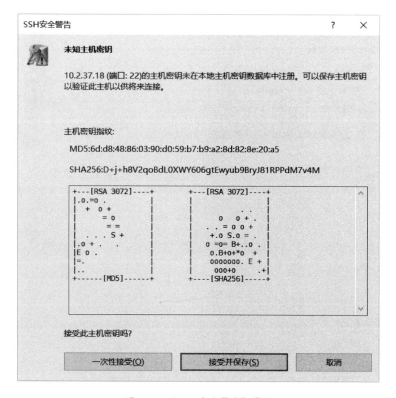

图 1-45 　 "SSH 安全警告"界面

进入"SSH 用户名"界面，输入远程主机的用户名，单击"确定"按钮，如图 1-46 所示。

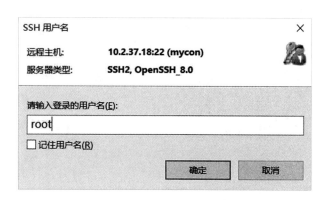

图 1-46 　 "SSH 用户名"界面

进入"SSH用户身份验证"界面，输入远程主机的密码，单击"确定"按钮，如图 1-47 所示。

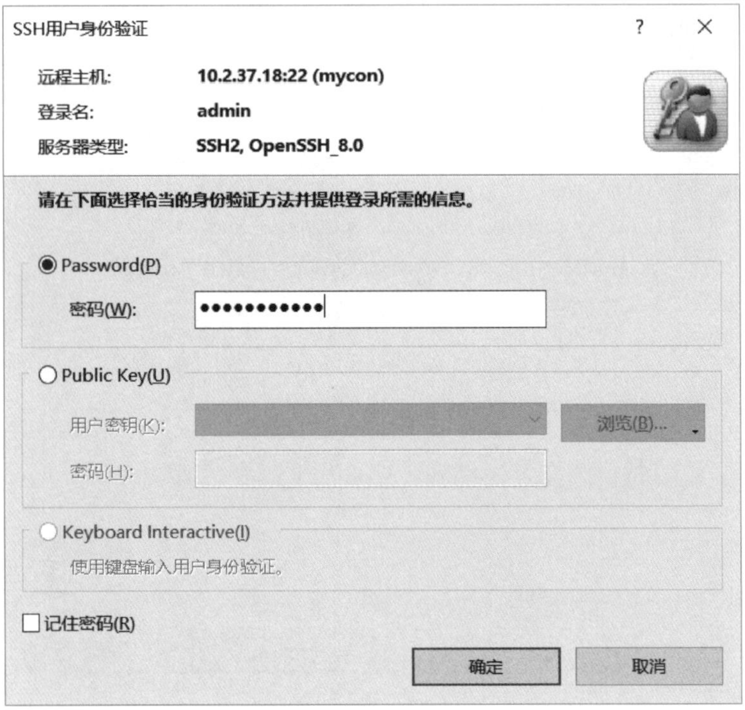

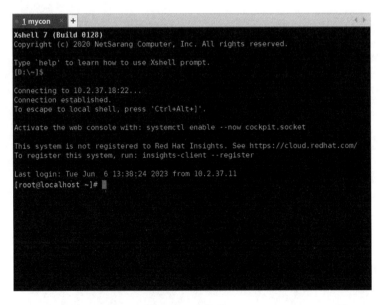

图 1-47 "SSH 用户身份验证"界面

Xshell 成功连接到 Linux 虚拟机后，会话窗口的圆点会呈现绿色，表示正在进行会话连接，如图 1-48 所示。

图 1-48 会话窗口

项目总结

大学生创新创业是国家高校人才培养的重要组成部分，也是推动经济社会发展的重要力量。安装和配置 Linux 操作系统是各学院创新创业中心组建校园网、部署业务的起点，也是应用架构的基础。

使用虚拟机安装和配置操作系统服务器更加方便和安全。在搭建服务器时，需要准备好虚拟机环境和 RHEL 8 的 ISO 镜像文件，并创建一个新的虚拟机挂载该镜像文件，然后按照安装程序的提示来完成操作系统的安装。系统安装完成后，使用 Xshell 远程连接工具连接到虚拟机，需要输入虚拟机的 IP 地址和 SSH 端口号进行连接。

在安装和配置 RHEL 8 操作系统时，要确保虚拟机的网络设置正确。如果使用的是 NAT 网络模式，则需要进行端口转发设置；如果使用的是桥接网络模式，则需要为虚拟机分配一个独立的 IP 地址。务必确保虚拟机的网络设置正确，否则无法进行远程连接。

总之，在安装和配置操作系统服务器的过程中，要耐心解决遇到的问题，通过不断实践和总结，更好地掌握使用虚拟机安装和配置操作系统的技巧和方法。

课后练习

1. 选择题

（1）Linux 一款类（　　　）的操作系统，其最大的特点之一是开源和稳定。

课后练习答案
项目 1

　　　A. Windows　　　B. UNIX　　　C. DOS　　　D. macOS

（2）以下选项不属于 Red Hat Enterprise Linux 8 的特点的是（　　　）。

　　　A. 安全可靠　　　B. 可定制　　　C. 社区支持　　　D. 易用性

2. 填空题

（1）Linux 操作系统常被用于_____、_____、_____和_____等领域。

（2）虚拟技术是一种将一台计算机分割成_____的技术。

（3）虚拟技术的特点包括_____、_____、_____、_____等。

（4）Xshell 成功连接到 Linux 虚拟机后，会话窗口的圆点呈现_____，表示正在进行会话连接。

（5）使用虚拟机安装 Linux 系统时，客户机操作系统应选择_____，版本应选择_____。

3. 简答题

（1）简要列举常见的远程连接技术。

（2）使用虚拟机安装 Linux 系统时，为什么要先选择"稍后安装操作系统"选项，而不是直接选择 RHEL 8 系统镜像光盘？

4. 实操题

在本项目中，使用虚拟机安装和配置大学生创新创业校园网 Linux 服务器后，又使用了 Xshell 进行远程连接。现在需要通过 Xshell 将 Windows 下载的软件包上传到远程 Linux 主机上，请进行具体操作。

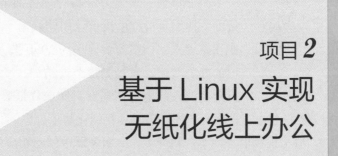

项目 2

基于 Linux 实现无纸化线上办公

学习目标

知识目标

- 了解 Linux 文件系统和磁盘管理的概念
- 掌握 Linux 系统磁盘管理方法
- 掌握目录相关操作命令的使用方法
- 掌握文件相关操作命令的使用方法
- 掌握打包压缩命令的使用方法
- 掌握 Vim 编辑器的使用方法

能力目标

- 能够管理 Linux 系统磁盘
- 能够高效管理目录或文件

素养目标

- 通过文件管理命令的学习，培养学生的严谨规范、细心准确的工作态度
- 通过建设人才电子档案资料库，提升学生向效率转型的工作意识，培养学生的生态优先、绿色低碳的可持续发展意识
- 通过项目场景的引入及项目操作的学习，激发学生以科技回报家乡的使命担当

项目描述

思维导图
项目 2

A 公司为一家人力资源管理咨询公司，专注于对接城乡用人需求，帮助乡村困难群体解决就业问题。据 A 公司财务部门统计，公司每年制作和整理人才档案需要使用约 30 万张 A4 纸和 4 万个档案袋。为提升公司的办公效率，发扬勤俭节约精神，减少人力、物力资源浪费，A 公司决定建设人才电子档案资料库取代纸质档案。请按以下要求基于 Linux 服务器搭建电子档案资料库，以实现无纸化线上办公。

（1）根据电子档案资料分类，在服务器中创建相应的磁盘分区并进行格式化。

（2）在服务器中创建"/mnt/archives/"档案存放目录并将其挂载到新分区。

（3）公司最新收录小张、小李、小刘和小王 4 名人员的档案，需在档案存放目录中创建 4 份人才档案。

（4）小李因劳动关系调动，与公司终止合作关系，需要查询小李的档案信息并将其信息注销。

（5）为方便档案文件保存与传输，节约服务器空间，需要将小张、小刘和小王的档案进行打包和压缩。

知识学习

1. Linux 文件系统

基于 Linux 实现
无纸化线上办公

PPT

教学设计
基于 Linux 实现
无纸化线上办公

微课 2-1
Linux 文件系统

（1）文件系统的概念

文件系统对于任何一种操作系统来说都是非常关键的，是操作系统用于明确磁盘或分区上的文件的方法和数据结构。Linux 中的文件系统是所有文件和目录的集合，它由三个部分组成：与文件管理有关的软件、被管理文件以及实施文件管理所需的数据结构。

（2）文件系统的类型

常用文件系统类型有 EXT、NTFS、XFS。

1）EXT（Extended File System）是专门为 Linux 设计的文件系统，目前使用最广的是 EXT4 文件系统，EXT3 文件系统仍在部分项目中使用。

2）NTFS（New Technology File System）是为 Windows 开发的一种文件系统，专门为网络和磁盘配额、文件加密等管理安全特性设计。

3）XFS 是为 IRIX 操作系统开发的日志文件系统。

（3）Shell 提示符

启动虚拟机后，使用 root 用户（默认）进行登录，会显示如下信息，然后可以使用 Linux 操作系统支持的所有命令行指令。

```
[root@localhost ~]#
```

具体释义如图 2-1 所示。

（4）Linux 文件系统的目录结构

Linux 文件系统的目录结构为树状结构，最顶级的目录为根目录，使用符号"/"来表示。其他目录可以通过挂载添加到树中，通过解除挂载可将其移除。

图 2-1　Shell 提示符释义

Linux 中可以通过 ls 命令查看默认的目录，以下通过 ls 命令查看根目录下的文件和文件夹。

```
[root@localhost ~]# ls /
bin  boot  dev  etc  home  lib  lib64  media  mnt  opt  proc  root  run
```

Linux 默认目录及功能说明见表 2-1。

表 2-1　Linux 默认目录及功能说明

目录名	说　　明
/bin	是 Binary（二进制文件）的缩写，用于存放常用的命令
/boot	存放的是启动 Linux 时使用的一些核心文件，包括一些连接文件以及镜像文件
/dev	是 Device（设备）的缩写，用于存放 Linux 的外部设备文件
/etc	是 Etc etera 的缩写，用于存放所有系统管理所需要的配置文件和子目录
/home	用户的家目录。在 Linux 中每个用户都有一个自己的目录，一般该目录名是以该用户的名字命名的
/lib	是 Library（库）的缩写，在该目录中存放着系统最基本的动态连接共享库
/lib64	用于存放 64 位系统标准程序设计库
/media	Linux 系统会自动识别一些设备，如 U 盘、光驱等；识别后，会把识别的设备挂载到该目录下
/mnt	该目录用于在 Linux 中临时挂载其他的文件系统，例如，可以将光驱挂载在 /mnt 上，然后进入该目录即可查看光驱里的内容
/opt	是 Optional（可选）的缩写，存放主机额外安装软件的目录
/proc	是 Processes（进程）的缩写，它是一种伪文件系统，用于存储当前内核运行状态的一系列特殊文件
/root	是超级用户 root 的家目录
/run	是一个临时文件系统，存储系统启动以来的信息

2. 绝对路径与相对路径

微课 2-2
绝对路径与
相对路径

路径指的是某个文件在 Linux 中的存放位置，可分为绝对路径和相对路径。

绝对路径：由根目录 "/" 写起，如 /usr/share 这个目录。

相对路径：相对于当前工作目录的文件或目录的路径，不是由 "/" 写起的。例如，当 /usr/share/doc 切换到 /usr/share/man 目录时，可以写成 "cd ../man"，这就是相对路径的写法，其中 ".." 代表上级目录。另外，"." 代表当前工作目录。

3. 目录类操作命令

微课 2-3
目录类操作命令

不同的目录作用不同，想要管理好 Linux 系统中的文件，首先要掌握目录操作类命令。与 Windows 系统切换文件夹、创建文件夹的操作类似，Linux 系统也有自己的目录操作类命令，如 ls、pwd、cd、mkdir、rmdir 等，其常见命令及语法如下。

（1）列出目录及文件名：ls

命令语法：ls 选项 目录或文件。

ls 命令常用选项及说明见表 2-2。

表 2-2　ls 命令常用选项及说明

选项	说　　明
-a	列出全部的文件，包含隐藏文件（开头为 "." 的文件）
-d	仅列出目录本身，而不列出目录内的文件数据
-l	以长格式列出，包含文件的属性与权限等数据

示例：将根目录下的文件及目录列出来，命令如下：

```
[root@localhost ~]# ls /
```

示例：以长格式将当前工作目录的所有文件列出来，命令如下：

```
[root@localhost ~]# ls -al
```

（2）切换目录：cd

命令语法：cd［相对路径或绝对路径］

示例：使用绝对路径切换到 /usr 目录下，命令如下所示：

```
[root@localhost ~]# cd /usr
```

示例：使用相对路径切换到 /usr 目录下，命令如下所示：

```
[root@localhost ~]# cd ../usr
```

 操作要规范，小鹅有提醒

（1）用户登录 Linux 系统后，默认进入的是其家目录，统一符号为"~"，root 用户的家目录为 /root，其他用户的家目录为 /home/ 用户名。

（2）使用相对路径切换到 /usr 目录时，使用".."切换到"/"，再进入到 usr 即可。

（3）显示目前的目录：pwd

命令语法：pwd

用户可使用该命令打印。例如：

```
[root@localhost ~]#pwd
/root
```

此处打印的是用户当前所在的目录 /root，即 root 用户的家目录。

（4）创建目录：mkdir

命令语法：mkdir 选项 目录名

使用该命令还可同时创建多级目录，语法为在 mkdir 命令后加上"-p"选项。

示例：在 /tmp 目录下创建一个目录 dir1，命令如下：

```
[root@localhost ~]#cd /tmp
[root@localhost tmp]#mkdir dir1
```

示例：在 /tmp 目录下创建多级目录 dir2/subdir，命令如下：

```
[root@localhost tmp]#mkdir -p dir2/subdir
```

（5）删除空的目录：rmdir

命令语法：rmdir 选项 目录名

使用该命令可同时删除多级目录，语法为在 rmdir 命令后加上"-p"选项。

示例：删除 /tmp 目录下的 dir1

```
[root@localhost tmp]#rmdir dir1
```

示例：删除 /tmp 目录下的 dir2/subdir，命令如下：

```
[root@localhost tmp]#rmdir -p dir2/subdir
```

4. Linux 磁盘管理

（1）基本概念

在 Linux 系统中使用的文件系统，一般会在安装系统时创建完成。Linux 系统可以挂载多个不同接口类型的磁盘，每一个磁盘又可以分成若干个分区，每个分区又可以拥有自己的文件系统类型，可以遵循以下步骤来实现对新文件系统的使用。

1）创建分区：在新的存储设备（硬盘）上创建分区。

2）格式化：在新分区上建立操作系统可以使用的文件系统格式。

3）挂载分区：在新的分区中创建文件系统后，将该文件系统挂载到相应目录下即可使用。

4）卸载分区：和移动硬盘等外部存储设备一样，文件系统使用完毕后，应该先进行卸载，再取走设备。

（2）物理设备命名规则

在 Linux 系统中一切都是文件，硬件设备亦然，即所有的设备都必须要有文件名称。系统内核中的 udev 设备管理器会自动规范硬件名称，目的是让用户通过设备文件的名称推测出设备大致的属性以及分区信息等，对于使用陌生的设备非常方便。Linux 系统中常见的硬件设备及其文件名称见表 2-3。

表 2-3　常见的硬件设备及其文件名称

硬件设备	文件名称
SCSI/SATA/U 盘	/dev/sd［a～p］
IDE 设备	/dev/ha［a～d］

目前一般硬盘设备的文件名都是以 "/dev/sd" 开头，采用 a 至 p 来代表 16 块不同的硬盘（默认从 a 开始分配），而且硬盘的分区号也有规则：主分区或扩展分区的编号从 1 开始，到 4 结束；逻辑分区从编号 5 开始。

如在系统中第一次添加硬件设备，文件的名称为 "/dev/sda"，然后需要使用 fdisk 命令按照需求对其分区，第一个分区文件名即为 "/dev/sda1"。

（3）常用命令

1）格式化分区命令：fdisk

微课 2-4
创建分区并
格式化

　　fdisk 是 Linux 下传统的分区工具。在 Linux 系统中添加存储设备后，可以看到抽象的硬盘设备文件，在开始使用该存储设备之前需要进行分区操作。

命令语法为：fdisk 选项 设备名称

示例：假设现有新添加硬件设备名为 "/dev/sda"，要在硬盘上创建大小为 20GB、文件系统类型为 EXT3 的 "/dev/sda1"，命令如下：

```
[root@localhost ~]# fdisk /dev/sda
```

执行命令后可通过以下选项查看相应的提示信息。fdisk 命令常用选项及说明见表 2-4。

表 2-4 fdisk 命令常用选项及说明

选项	说　　明
–m	查看所有可用的参数
–n	添加新分区
–d	删除分区
–l	列出已知分区类型
–p	打印分区表
–w	将分区表写入磁盘并退出
–q	退出而不保存更改

示例：使用 fdisk –l 命令查看新添加的硬件设备名，命令为：

```
[root@localhost ~]# fdisk -l
```

2）挂载分区命令：mount

完成硬件设备的分区和格式化操作后，即可挂载并使用存储设备。首先要创建一个用于挂载设备的挂载目录，然后使用 mount 命令将存储设备与挂载点进行关联即可。

命令语法：mount –t 指定文件系统类型设备 挂载点

示例：把文件系统类型为 EXT3 的磁盘分区 /dev/sdb1 挂载到 /mnt/file01 目录下，命令如下：

```
[root@localhost ~]# mkdir /mnt/file01              # 挂载前需要先创建挂载的目录
[root@localhost ~]# mount -t ext3 /dev/sdb1 /mnt/file01
```

3）卸载分区命令：umount

文件系统使用完毕以后可以根据需要进行卸载。

命令语法：umount 设备挂载点

示例：卸载 /dev/sdb1，命令如下：

```
[root@localhost ~]# umount /dev/sdb1
```

4）查看文件系统中磁盘使用量：df

此命令用来检查文件系统的磁盘空间占用情况，可以利用该命令来获取硬盘被占用了多少空间、还剩下多少空间等信息。

命令语法：df 选项 目录或文件名。

df 命令常用选项及说明见表 2-5。

表 2-5　df 命令选项及说明

选项	说　　明
-a	列出所有的文件系统，包括系统特有的 /proc 等文件系统
-k	以 KB 为单位显示各文件系统
-m	以 MB 为单位显示各文件系统
-h	以较易阅读的容量格式显示，如 GB，MB，KB 等

示例：将 /etc 目录下可用的磁盘容量以易读的容量格式显示，命令如下：

```
[root@localhost ~]# df -h /etc
```

5）检查磁盘空间使用量命令：du

du 命令也可查看磁盘空间使用量，但是与 df 命令有所不同，主要用来查看文件和目录磁盘使用的空间。

命令语法：du 选项 文件或目录名称。

du 命令常用选项及说明见表 2-6。

表 2-6　du 命令常用选项及说明

选项	说　　明
-a	列出所有的文件与目录容量
-h	以较易读的容量格式显示
-s	列出总量，不列出每个目录的占用容量

示例：以较易读的容量格式列出所有文件和目录的磁盘空间占用情况，命令如下：

```
[root@localhost ~]# du -ah
```

5.　文件操作类命令

在 Linux 系统操作过程中，对于文件的管理尤为重要，如文件的复制、删除、创建、移动及修改等。文件操作类的常见命令及语法如下：

（1）复制文件或目录命令：cp

命令语法：cp 选项 源文件 目标文件。

cp 命令常用选项及说明见表 2-7。

表 2-7　cp 命令常用选项及说明

选项	说　　明
-a	将文件状态、权限等属性按原状予以复制
-f	是强制（force）的缩写，若目标文件已经存在，则先删除目标文件再进行复制（即覆盖目标文件），且不再提示用户

续表

选项	说　明
–i	若目标文件已经存在时，则提示是否覆盖已有的文件
–r	递归复制目录，即复制时包含目录下的各级子目录及文件

示例：使用 root 身份，将 root 目录下的 ".bashrc" 复制到 /tmp/dir1 下，并命名为 "bashrc"，命令如下：

```
[root@localhost ~]#cp  ~/.bashrc  /tmp/dir1/bashrc
```

示例：使用 root 身份，将 /tmp/dir1 目录复制到 /root 目录下，命令如下：

```
[root@localhost ~]#cp -r /tmp/dir1 /root
```

万事有诀窍，小鹅来支招

在复制文件的同时修改文件名（bashrc.bak），命令为 "cp　~/.bashrc　/tmp/dir1/bashrc.bak"。

（2）删除文件或目录命令：rm

命令语法：rm　选项　文件或目录。

rm 命令常用选项及说明见表 2-8。

表 2-8　rm 命令常用选项及说明

选项	说　明
–f	是强制（force）的缩写，忽略不存在的文件，且不会出现警告信息
–i	删除前会询问是否执行
–r	递归删除目录，删除多级目录时需要此参数

示例：将在 cp 命令的示例中创建的 bashrc 文件删除，命令如下：

```
[root@localhost dir|]#rm -i bashrc
```

操作要规范，小鹅有提醒

使用 "rm–r" 命令递归删除目录时需要谨慎，这是非常危险的。

（3）创建文件：touch

命令语法：touch 文件名

示例：在当前工作目录中创建文件 a、b、c，命令如下：

```
[root@localhost ~]#touch a b c
```

（4）移动文件及目录或修改文件及目录的名称：mv

命令语法：mv 源文件或目录 目标文件或目录

示例：在当前工作目录中创建文件 test1，并移动到 /usr 目录下，文件名不变，命令如下：

```
[root@localhost ~]#touch test1
[root@localhost ~]#mv ~/test1 /usr/
```

示例：把 /usr/test1 移动到 /tmp 目录下，移动后的文件名为 test2，命令如下：

```
[root@localhost ~]#mv /usr/test1 /tmp/test2
```

微课 2-5
文件查看命令

（5）查看文件：cat

由第一行开始显示文件内容。

命令语法：cat 选项 文件名。

cat 命令常用选项及说明见表 2-9。

表 2-9　cat 命令常用选项及说明

选项	说　　明
-b	列出行号，仅针对非空白行显示行号，空白行不标行号
-E	将结尾的断行字节 $ 显示出来
-n	列出行号，连同空白行也会有行号

示例：查看 /etc/group 文件的内容，命令如下：

```
[root@localhost ~]#cat /etc/group
```

cat 命令还可以将多个文件合并为一个文件进行查看。

示例：将 file1 和 file2 文件的内容合并到 file3，且将 file1 的内容显示在 file2 的内容前面，命令如下：

```
[root@localhost ~]#cat file1 file2 > file3
```

（6）分页查看文件：more

more 命令可以分页显示文件内容，执行该命令后，按 Enter 键可以向下移动一行，按 Space（空格）键可以向下移动一页，按 Q 键可以退出 more 状态。

命令语法：more 文件名

示例：以分页形式查看 /etc/passwd 文件的内容，命令如下：

```
[root@localhost ~]#more /etc/passwd
```

或者

```
[root@localhost ~]#cat /etc/passwd | more
```

（7）分页查看文件：less

less 命令与 more 类似，但是比 more 命令功能更强大。more 命令只能向下翻页，而 less 命令可以往前翻页。

执行 less 命令后，按空格键可以向后翻一页，按 Enter 键可以向下移动一行，按 B 键可以向前翻一页，按 Q 键可以退出 less 命令。

示例：以分页形式查看 /etc/passwd 文件的内容，命令如下：

```
[root@localhost ~]#less /etc/passwd
或者
[root@localhost ~]#cat /etc/passwd | less
```

（8）查看文件开头：head

用于显示文件前面的部分，默认情况下只显示文件的前 10 行。

命令语法为：head 选项 文件。

head 命令常用选项及说明见表 2-10。

表 2-10　head 命令常用选项及说明

选项	说　　明
-n	后面接数字，代表显示几行
-c	后面接数字，代表显示几个字符

示例：显示 /etc/passwd 文件的前 5 行内容，命令如下：

```
[root@localhost ~]#head -n 5 /etc/passwd
```

（9）查看文件末尾：tail

用于显示文件末尾的部分，默认情况下只显示文件的末尾 10 行。

命令语法为：tail 选项 文件。

tail 命令常用选项及说明见表 2-11。

表 2-11　tail 命令常用选项及说明

选项	说　　明
-n	后面接数字，代表显示几行
-c	后面接数字，代表显示几个字符

数字前面有"+"：表示从指定的行开始显示文件的内容。

示例：显示 /etc/passwd 文件的末尾 5 行内容，命令如下：

```
[root@localhost ~]#tail -n 5 /etc/passwd
```

示例：从第 8 行开始查看 /etc/passwd 文件内容，命令如下：

```
[root@localhost ~]#tail -n +8 /etc/passwd
```

6.　压缩打包类命令

在 Linux 系统中，为了节省磁盘空间和传输时的网络带宽，可以通过压缩打包工具 tar、zip 等对文件或者目录进行压缩。常用的压缩打包类命令主要有以下几种：

（1）压缩文件命令：gzip

gzip 命令用于对文件进行压缩，生成的压缩文件以 ".gz" 结尾，其语法为：gzip 文件名。

默认情况下，压缩时不会保留原文件，如果想在压缩时保留源文件，添加 "-c" 参数即可。如果想要显示被压缩文件的压缩比或者解压时的信息，添加 "-v" 参数即可；

示例：使用 gzip 命令将 /tmp/test2 文件压缩，命令如下：

```
[root@localhost ~]#gzip /tmp/test2
```

使用 ls 命令查看当前工作目录，有压缩文件 test2.gz，同时 /tmp 目录中 test2 文件已经被删除。

示例：使用 gzip 命令将 /usr/test1 压缩并保留源文件。命令如下：

```
[root@localhost ~]#gzip -c /usr/test1
```

使用 ls 命令查看当前工作目录，有压缩文件 test1.gz，同时原文件 test1 被保留。

在使用 gzip 压缩文件时，如果同时压缩多个文件，则会产生多个压缩包。

示例：使用 gzip 命令将 test 目录中的所有文件进行压缩，命令如下：

```
[root@localhost test]# ls
a  b  c
[root@localhost test]# gzip *
[root@localhost test]# ls
a.gz  b.gz  c.gz
```

（2）解压缩命令：gunzip

gunzip 命令可以对以 ".gz" 结尾的文件进行解压缩。

命令语法为：gunzip 选项 文件名。

gunzip 命令常用选项及说明见表 2–12。

表 2-12　gunzip 命令常用选项及说明

选项	说　明
–l	列出压缩文件的相关信息
–d	指定文件解压后所要存储的目录

示例：使用 gunzip 命令将 test1.gz 解压到 /root 目录下，命令如下：

```
[root@localhost ~]#gunzip test1.gz  -d  /root
```

如果不指定目录，解压缩后的文件则会存储在当前工作目录。

（3）打包压缩命令：tar

用于文件打包的命令，可以把多个文件和目录打包成一个文件，也可以把压缩文件解压还原。该命令在文件的备份和网络传输方面应用较为广泛。

微课 2-6
使用 tar 命令
解压缩文件

通过 tar 命令打包的文件名字以".tar"结尾。如果打包的同时使用 gzip 压缩，文件名字则以".tar.gz"结尾。

命令语法：tar 选项 文件或目录。

tar 命令常用选项及说明见表 2-13。

表 2-13　tar 命令常用选项及说明

选项	说　明
–c	创建新的文档
–v	显示操作过程
–f	要操作的文件名，该参数必须是最后一个参数，其后跟文件的名字
–x	从备份文件中还原文件
–t	列出备份文件的内容
–r	添加文件到已经压缩的文件
–z	gzip 或 ungzip：通过 gzip 指令处理备份文件
–j	支持 bzip2 解压文件
–C	后面跟目录，若要在特定目录解压缩，可以使用该选项

示例：将 /etc/yum.repos.d 目录下的文件打包成"yum.repos.d.tar"，命令如下：

```
[root@localhost ~]#tar -cvf yum.repos.d.tar /etc/yum.repos.d
```

示例：查看 yum.repos.d.tar，命令如下：

```
[root@localhost ~]#tar -tvf yum.repos.d.tar
```

示例：将文件 yum.repos.d.tar 解压到当前工作目录，命令如下：

```
[root@localhost ~]#tar -xvf yum.repos.d.tar
```

在打包多个文件时，可以使用 tar 命令先打包，再压缩，命令如下：

```
[root@localhost test]# ls
aa  bb  cc
[root@localhost test]# tar -cvf pack.tar aa bb cc
aa
bb
cc
[root@localhost test]#ls
aa  bb  cc  pack.tar
[root@localhost test]#gzip pack.tar
[root@localhost test]# ls
aa  bb  cc  pack.tar.gz
```

也可以使用 tar 命令直接打包并压缩，需加入 z 参数，命令如下：

```
[root@localhost test]# tar -zcvf pack.tar.gz  aa bb cc
aa
bb
cc
```

7. 文件查找类命令

Linux 系统中存储的文件会越来越多，在系统的使用过程中需要对文件进行查找，Linux 系统为用户提供了丰富的文件查找命令，如 which、whereis、locate、find。

（1）which 命令

用于在 PATH 变量指定的路径中，搜索某个系统命令的位置，并返回第一个搜索结果。使用 which 命令，就可以看到某个系统命令是否存在，以及快速确定它的绝对路径。

命令语法：which 可执行文件名称。

示例：查找 ls 的绝对路径，命令如下：

```
[root@localhost ~]#which ls
```

（2）whereis 命令

该命令主要是在 /bin、/sbin 等特定目录下查找可执行文件，以及在 /usr/share/man 目录下查找 man page 文件。

命令语法：whereis 选项 文件或目录。

whereis 命令常用选项及说明见表 2-14。

表 2-14　whereis 命令常用选项及说明

选项	说　　明
–l	列出 whereis 所查询的主要目录
–b	只查找二进制文件
–m	只查找说明文件
–s	只查找原始代码文件
–u	查找除二进制文件、相关的说明文件、原始代码文件之外的其他类型的文件

示例：列出 whereis 的查找路径，命令如下：

[root@localhost ~]#whereis -l

示例：查找文件 passwd 的相关说明文件，命令如下：

[root@localhost ~]#whereis -m passwd

（3）locate 命令

该命令用于快速地查找文件系统内是否有指定的文件。查找原理为：先建立一个用于保存文件名及路径的数据库，查找时在该数据库内查询。

命令语法：locate　选项　文件名。

locate 命令常用选项及说明见表 2-15。

表 2-15　locate 命令常用选项及说明

选项	说　　明
–c	count，只输出找到的数量
–l	limit，仅输出若干行，如输出 2 行：–l 2
–i	ignore-case，忽略大小写

示例：查找 test1 文件，命令如下：

[root@localhost ~]#locate test1

注意：使用 locate 命令前，应确保已有相关数据库，可以使用 update 命令生成或更新数据库。

（4）find 命令

用来在指定的目录下查找文件。

命令语法：find［要查找的路径］［查找的条件］。

其中，要查找的路径可以是多个路径，多个路径之间用空格分隔；若未指定路径，则默认为当前目录。

微课 2-7
find 命令的使用

查找的条件是可选参数，如文件名、文件类型、文件大小等。find 命令常用选项及说明见表 2-16。

表 2-16　find 命令常用选项及说明

选项	说　　明
-name	按文件名称查找，后跟文件名字，支持使用通配符"*"和"?"
-type	按文件类型查找，后跟文件类型，可以是 f（普通文件）、d（目录）等
-size	按文件大小查找，后跟文件大小，数字前可添加"+"或"-"，表示大于或小于指定大小，单位可以为 b（块数）、k（KB）、M（MB）或 G（GB）等
-mtime	按修改时间查找，后跟整数表示天数，数字前可添加"+"或"-"，表示在指定天数前或后
-user	按文件所有者查找，后跟用户名
-group	按文件所属组查找，后跟用户组名

示例：查找 test1 文件，命令如下：

```
[root@localhost ~]#find / -name "test1"
```

示例：在当前目录查找普通文件，命令如下：

```
[root@localhost ~]#find . -type f
```

8. Vim 编辑器

（1）基本概念

Vi 即 Visual Interface，可以执行输出、删除、查找、替换等文本操作，Vi 是全屏幕文本编辑器，它没有菜单，只有命令。Vim 是从 Vi 发展出来的一个文本编辑器，是 Vi 的进阶版本。

Vi/Vim 共分为 3 种模式，分别是命令模式（Command Mode），插入模式（Insert Mode）和末行命令模式（Last Line Mode）。

Vim 工作模式如图 2-2 所示：

微课 2-8
Vim 编辑器的
使用

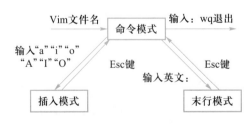

图 2-2　Vim 工作模式

（2）Vim 常用命令

1）命令模式

进入 Vim 编辑器的命令为：vim 文件名称。要注意的是，进入 Vim 默认处于命令模式。

```
[root@localhost ~]#vim test1
```

在此模式下，Vim 等待输入的是编辑命令而不是文本。例如，当按下 I 键时，并不会输入一个字符，而是被当作了一个命令。

在此模式下，可以实现光标定位，光标定位命令及功能见表 2-17。

表 2-17　光标定位命令及功能

命令	功　　能
H	光标移动到该屏幕的最上方那一行的第一个字符
M	光标移动到该屏幕的中央那一行的第一个字符
G	移动到该文档的最后一行
nG	n 为数字，移动到第 n 行；如"5G"则会移动到该文档的第 5 行（可配合：set nu）
gg	移动到该文档的第一行，相当于"1G"
n<Enter>	n 为数字。光标向下移动 n 行

还可以实现查找与替换文本，查找与替换文本命令及功能见表 2-18。

表 2-18　查找与替换文本命令及功能

命令	功　　能
/string	向光标之下寻找一个名称为 string 的字符串
?string	向光标之上寻找一个字符串名称为 string 的字符串
n	代表重复前一个搜寻的动作
N	与"n"相反，为反向进行前一个搜寻动作

2）插入模式

当在命令模式的时候，可以使用"i""I""a""A""o""O"进入插入模式。在插入模式中，用户输入的任何字符串都被 Vim 当作文件内容保存起来，并将其显示在屏幕上，按 Esc 键即可在插入模式返回命令模式。进入插入模式的命令见表 2-19。

3）末行模式

在命令模式下输入"："（英文冒号）即可进入末行模式，此时 Vim 会在屏幕的最后一行显示一个"："作为末行模式的提示符，等待用户输入命令，输入后按 Enter 键即可执行命令。

按 Esc 键可退出末行模式。

表 2-19　进入插入模式的命令及功能

命令	功能
i	在当前光标位置前一字符的位置进入插入模式
I	在当前行的行首位置进入插入模式
a	在当前光标后一字符的位置进入插入模式
A	在当前行的行尾位置进入插入模式
o	在当前行下新建一行进入插入模式
O	在当前行上新建一行进入插入模式

4）退出 Vim 编辑器

输入英文 ":"，再输入如表 2-20 所示的命令，按 Enter 键即可进行文件管理。

表 2-20　末行模式其他命令及功能

命令	功能
set nu	显示行号
set nonu	不显示行号

输入英文 ":"，再输入如表 2-21 所示的命令，按 Enter 键即可退出 Vim 编辑器或保存文件。

表 2-21　退出 Vim 编辑器的命令及功能

命令	功能
q	退出程序
w	保存文件
wq	保存并退出

在命令后加上 "！"，代表强制执行。

项目实施

任务 2.1　为虚拟机创建新的磁盘分区

微课 2-9
添加新的硬盘

为保证电子档案资料库拥有足够的存储空间和独立的使用环境，需要额外增加一个硬盘存储档案。VMware 除了可以模拟硬件资源外，还可以像真机一样添加硬盘，以增加存储空间。本任务是在虚拟机中模拟添加一块新的硬盘，然后对添加的硬盘进行分区、格式化。

步骤 1　为虚拟机添加硬盘设备

在虚拟机系统关机的状态下，进入虚拟机管理主界面，选择"编辑虚拟机设置"选项，如图 2-3 所示。

在弹出的界面中单击"添加"按钮，新增一块硬盘设备，如图 2-4 所示。

图 2-3　进入虚拟机管理主界面

图 2-4　在虚拟机系统中添加硬盘设备

选择需要添加的硬件类型为"硬盘"，然后单击"下一步"按钮，如图 2-5 所示。

选择虚拟硬盘的类型为"SATA"，然后单击"下一步"按钮，如图 2-6 所示。

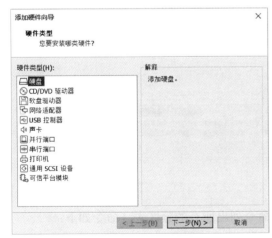

图 2-5　选择添加硬盘类硬件

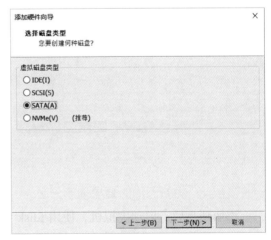

图 2-6　"选择磁盘类型"界面

选中"创建新虚拟磁盘"单选按钮，单击"下一步"按钮，如图 2-7 所示。

将"最大磁盘大小（GB）"设置为默认的 20 GB，以限制这台虚拟机所使用的最大磁盘空间，单击"下一步"按钮，如图 2-8 所示。

指定磁盘文件的文件名和保存位置（或直接采用默认设置），单击"完成"按钮，如

图 2-9 所示。

　　添加好新硬盘后即可在设备列表看到一个新硬盘，右侧显示磁盘文件的详细信息，单击"确定"按钮，即可完成添加硬件，如图 2-10 所示。

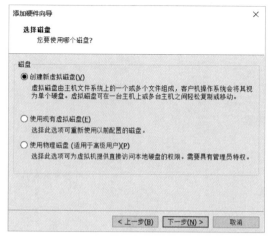

图 2-7　"选择磁盘"界面　　　　　　　　图 2-8　"指定磁盘容量"界面

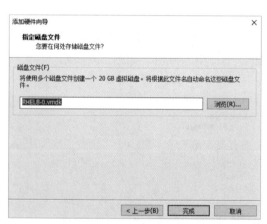

图 2-9　"指定磁盘文件"界面

图 2-10　设备列表的新硬盘信息

步骤 2　为新添加的硬盘创建分区

添加硬盘后，启动虚拟机，使用 fdisk -l 命令列出所有的分区表，命令如下：

```
[root@localhost ~]# fdisk -l
Disk /dev/nvme0n1:20 GiB,21474836480 字节,41943040 个扇区
单元:扇区 / 1 * 512 = 512 字节
扇区大小 ( 逻辑 / 物理 ):512 字节 / 512 字节
I/O 大小 ( 最小 / 最佳 ):512 字节 / 512 字节
磁盘标签类型:dos
磁盘标识符:0xa6894652
```

```
设备                     启动        起点           末尾          扇区    大小   Id 类型
/dev/nvme0n1p1 *        2048       2099199       2097152      1G     83    Linux
/dev/nvme0n1p2         2099200     41943039      39843840     19G    8e    Linux LVM


Disk /dev/sda:20 GiB,21474836480 字节,41943040 个扇区
单元:扇区 / 1 * 512 = 512 字节
扇区大小 ( 逻辑 / 物理 ):512 字节 / 512 字节
I/O 大小 ( 最小 / 最佳 ):512 字节 / 512 字节


Disk /dev/mapper/rhel-root:17 GiB,18249416704 字节,35643392 个扇区
单元:扇区 / 1 * 512 = 512 字节
扇区大小 ( 逻辑 / 物理 ):512 字节 / 512 字节
I/O 大小 ( 最小 / 最佳 ):512 字节 / 512 字节


Disk /dev/mapper/rhel-swap:2 GiB,2147483648 字节,4194304 个扇区
单元:扇区 / 1 * 512 = 512 字节
扇区大小 ( 逻辑 / 物理 ):512 字节 / 512 字节
I/O 大小 ( 最小 / 最佳 ):512 字节 / 512 字节
```

其中，Disk　/dev/sda 即为新添加的硬盘。使用 df 命令查看已安装文件系统的磁盘的使用情况，新添加的硬件设备 /dev/sda 还未使用，命令如下：

```
[root@localhost ~]# df -h
文件系统                      容量        已用        可用        已用% 挂载点
devtmpfs                    866M       0          866M       0%/dev
tmpfs                       896M       0          896M       0%/dev/shm
tmpfs                       896M       9.5M       886M       2%/run
tmpfs                       896M       0          896M       0%/sys/fs/cgroup
/dev/mapper/rhel-root       17G        4.4G       13G        26%/
/dev/nvme0n1p1              1014M      243M       772M       24%/boot
tmpfs                       180M       5.7M       174M       4%/run/user/0
/dev/sr0                    9.5G       9.5G       0          100%
/run/media/root/RHEL-8-4-0-BaseOS-x86_64
```

使用 fdisk 命令管理 /dev/sda，命令如下：

```
[root@localhost ~]# fdisk /dev/sda

欢迎使用 fdisk (util-linux 2.32.1)。
更改将停留在内存中,直到您决定将更改写入磁盘。
使用写入命令前请三思。

设备不包含可识别的分区表。
创建了一个磁盘标识符为 0x6e922187 的新 DOS 磁盘标签。

命令(输入 m 获取帮助):
```

输入“m”可以获取帮助，命令如下：

```
命令 (输入 m 获取帮助):m
帮助:
  #...省略其他信息...

  常规
  d    删除分区
  F    列出未分区的空闲区
  l    列出已知分区类型
  n    添加新分区
  p    打印分区表
  t    更改分区类型
  v    检查分区表
  i    打印某个分区的相关信息

  # 省略其他信息……

  保存并退出
  w    将分区表写入磁盘并退出
  q    退出而不保存更改
```

输入“n”添加新的分区，系统会提示用户选择分区类型。此处选择只设置一个主分区，并设置分区的大小为 20GB，操作方法为：输入“p”创建一个主分区，输入数字 1，然后按两次 Enter 键即可，命令如下：

```
命令 (输入 m 获取帮助):n
分区类型
  p    主分区 (0 个主分区,0 个扩展分区,4 空闲)
  e    扩展分区 (逻辑分区容器)
选择 (默认 p):p
分区号 (1-4, 默认 1): 1
第一个扇区 (2048-41943039, 默认 2048):
上个扇区,+sectors 或 +size{K,M,G,T,P} (2048-41943039, 默认 41943039):

创建了一个新分区 1,类型为 "Linux",大小为 20 GiB。
```

输入参数“p”查看分区信息，可以看到创建了一个新分区，设备名字为“/dev/sda1”，命令如下：

```
命令 (输入 m 获取帮助):p
Disk /dev/sdb:20 GiB,21474836480 字节,41943040 个扇区
单元:扇区 / 1 * 512 = 512 字节
扇区大小 (逻辑/物理):512 字节 / 512 字节
I/O 大小 (最小/最佳):512 字节 / 512 字节
磁盘标签类型:dos
磁盘标识符:0x6e922187
```

设备	启动	起点	末尾	扇区	大小	Id 类型
/dev/sda1	2048	41943039	41940992	20G	83	Linux

输入参数 "w" 保存设置并退出，命令如下：

```
命令（输入 m 获取帮助）:w
分区表已调整。
将调用 ioctl() 来重新读分区表。
正在同步磁盘。
```

使用 file 命令查看 /dev/sda1 文件的属性，如果不能获得如下结果，则需要先执行 "partprobe" 命令将分区信息同步至内核，命令如下：

```
[root@localhost ~]# file /dev/sda1
/dev/sdb1: block special (8/1)
```

步骤 3　为新添加的硬盘格式化分区

在对存储设备进行分区后，还需要对新的分区进行格式化。Linux 系统对分区进行格式化的命令是 mkfs，此处使用该命令将分区格式化为 EXT3 文件系统，命令如下：

```
[root@localhost ~]# mkfs.ext3 /dev/sda1
mke2fs 1.44.3 (10-July-2018)
创建含有 5242624 个块（每块 4k）和 1310720 个 inode 的文件系统
文件系统 UUID:cf54dc57-4f1f-4aa1-9bfa-ce2623c2bf71
超级块的备份存储于下列块：
32768, 98304, 163840, 229376, 294912, 819200, 884736, 1605632, 2654208, 4096000

正在分配组表：完成
正在写 inode 表：完成
创建日志(32768 个块)完成
写入超级块和文件系统账户统计信息：
已完成
```

任务 2.2　挂载磁盘分区至档案目录

在完成存储设备的分区和格式化后，需要将 EXT3 分区挂载到档案目录 /mnt/archives 上，以便后续使用。

步骤 1　创建挂载目录

挂载之前必须先创建好挂载点目录，即 /mnt/archives，命令如下：

微课 2-10
挂载磁盘分区

```
[root@localhost ~]# mkdir /mnt/archives
```

也可以先进入 mnt 目录 "/"，然后再创建 archives 目录，命令如下：

```
[root@localhost ~]# cd /mnt
[root@localhost mnt]# mkdir archives
```

使用 ll 命令查看目录。

```
[root@localhost mnt]# ll -d archives
drwxr-xr-x. 2 root root 6 10月  8 10:48 archives
```

步骤 2　手动挂载分区至档案目录

使用 mount 命令手动挂载分区，命令如下：

```
[root@localhost ~]# mount /dev/sda1 /mnt/archives/
```

使用 df 命令查看已安装文件系统的磁盘的使用情况，可以看到 /dev/sdb1 已挂载到 /archives 目录，命令如下：

```
[root@localhost ~]# df -h
文件系统              容量      已用    可用    已用% 挂载点
devtmpfs             866M     0      866M    0%/dev
tmpfs                896M     0      896M    0%/dev/shm
tmpfs                896M     9.5M    886M    2%/run
tmpfs                896M     0      896M    0%/sys/fs/cgroup
/dev/mapper/rhel-root 17G     4.4G    13G     26%/
/dev/nvme0n1p1       1014M    243M    772M    24%/boot
tmpfs                180M     5.7M    174M    4%/run/user/0
/dev/sr0             9.5G     9.5G    0       100%
                                             /run/media/root/RHEL-8-4-0-BaseOS-x86_64
/dev/sda1            20G      45M     19G     1% /mnt/archives
```

步骤 3　自动挂载分区至档案目录

手动挂载的分区在系统重启后就会失效，为了避免这种情况的出现，可以通过把挂载信息写入 /etc/fstab 文件，实现自动挂载。挂载信息的格式为：设备文件　挂载目录　格式类型　权限选项　是否备份　是否自检，挂载信息各个字段名及说明见表 2-22。

表 2-22　挂载信息各个字段名及说明

字段名	说　明
设备文件	设备的路径加上设备的名称，如 /dev/sdb1
挂载目录	对于想要挂载的目录，需要在挂载前创建好，如 /archives
格式类型	文件系统的格式，如 EXT3、EXT4 等
权限选项	设置为 defaults，则默认权限为 rw、suid、dev、exec、auto、nouser、async
是否备份	1 表示开机后使用 dump 进行磁盘备份；0 表示不备份
是否自检	1 表示开机后自动进行磁盘自检；0 表示不自检

使用 vim 命令，将挂载信息 "/dev/sda1 /mnt/archives ext3 defaults 0 0" 写入 /etc/fstab 文件的最后一行，命令如下：

```
[root@localhost ~]# vim /etc/fstab
```

查看 /etc/fstab 文件内容如下所示：

```
#
# /etc/fstab
# Created by anaconda on Sun Oct  8 01:13:10 2023
#
# Accessible filesystems, by reference, are maintained under '/dev/disk/'.
# See man pages fstab(5), findfs(8), mount(8) and/or blkid(8) for more info.
#
# After editing this file, run 'systemctl daemon-reload' to update systemd
# units generated from this file.
#
/dev/mapper/rhel-root   /                           xfs     defaults 0 0
UUID=93befffa-8998-4730-a037-cc4af4a1ae76 /boot   xfs     defaults 0 0
/dev/mapper/rhel-swap hone                          swap    defaults 0 0
/dev/sda1/mnt/archives                              ext3    defaults 0 0
```

任务 2.3　创建档案文件

新添加的硬盘已经挂载到了档案目录，下一步用户即可创建和查看人才档案。

微课 2-11
创建档案文件

步骤 1　切换至档案目录

使用 root 用户登录系统，切换到 /mnt/archives 目录，命令如下：

```
[root@localhost ~]#cd /mnt/archives
[root@localhost archives]#pwd
/mnt/archives
```

使用 mkdir 命令创建目录 file202306，用来存储本月新增人才档案。命令如下：

```
[root@localhost archives]# mkdir file202306
[root@localhost archives]# ls
file202306
```

步骤 2　创建档案

在 file202306 目录中创建文件，用来存储小张、小李、小刘和小王 4 名人员的档案，命令如下：

```
[root@localhost archives]# cd file202306
[root@localhost file202306 ]# touch xiaozhang  xiaoli  xiaoliu  xiaowang
[root@localhost file202306 ]# ls
```

```
xiaoli   xiaoliu   xiaowang   xiaozhang
```

使用 vim 命令，将小张的档案信息写入 zhang 文件中，命令如下：

```
[root@localhost file202306 ]# vim xiaozhang
```

执行 vim 命令后，会进入 Vim 编辑器，如下所示：

```
~
~
~
~
~
~
~
~
~
~
~
~
~
~
~
~
"xiaozhang" 0L, 0C                                                    0,0-1
全部
```

按下 I 键进入编辑模式，直接写入档案信息即可。

```
-------------------- 基本信息 ----------------------
姓名：小张
出生年月：1991 年 4 月
民族：汉族
学历：研究生
学位：硕士
婚姻状况：已婚
联系方式：151XXXX7208
通信地址：河北省保定市莲池区
   -------------------- 合同信息 ----------------------
状态：已签订   编号：H0005
2019-06-21 至 2027-06-20
备注：合同期间应履行相关的职责
   -------------------- 学习经历 ----------------------
2010.09-2014.06 XX 大学计算机科学与技术专业              本科
2014.09-2017.06 XX 大学计算机科学与技术专业              研究生
```

```
------------------- 工作经历 ---------------------
2017.07-2019.06      XX公司      软件开发工程师
2019.06- 至今        XX公司      软件开发工程师
----------------- 其他信息 ---------------------


~
-- 插入 --
20,1     全部
```

写完档案信息后按 Esc 键回到命令模式，输入英文状态的 "："，输入 "wq！"，保存并退出。

```
------------------- 基本信息 ---------------------
姓名：小张
出生年月：1991 年 4 月
民族：汉族
学历：研究生
学位：硕士
婚姻状况：已婚
联系方式：151XXXX7208
通信地址：河北省保定市莲池区
    ------------------- 合同信息 ---------------------
状态：已签订    编号：H0005
2019-06-21 至 2027-06-20
备注：合同期间应履行相关的职责
    ------------------- 学习经历 ---------------------
2010.09-2014.06 XX大学计算机科学与技术专业          本科
2014.09-2017.06 XX大学计算机科学与技术专业          研究生
    ------------------- 工作经历 ---------------------
2017.07-2019.06      XX公司      软件开发工程师
2019.06- 至今        XX公司      软件开发工程师
    ------------------- 其他信息 ---------------------


~
:wq!
```

使用同样的方式，即可完成所有人的档案制作。

步骤 3　查看档案

使用 cat 命令查看小张的全部档案信息，命令如下：

```
[root@localhost file202306 ]# cat xiaozhang
------------------- 基本信息 ---------------------
姓名：小张
出生年月：1991 年 4 月
民族：汉族
学历：研究生
学位：硕士
```

```
婚姻状况：已婚
联系方式：151XXXX7208
通信地址：河北省保定市莲池区
------------------ 合同信息 ----------------------
状态：已签订    编号：H0005
2019-06-21 至 2027-06-20
备注：合同期间应履行相关的职责
------------------ 学习经历 ----------------------
2010.09-2014.06 XX 大学计算机科学与技术专业        本科
2014.09-2017.06 XX 大学计算机科学与技术专业        研究生
------------------ 工作经历 ----------------------
2017.07-2019.06    XX 公司    软件开发工程师
2019.06- 至今      XX 公司    软件开发工程师
------------------ 其他信息 ----------------------
```

使用 head 命令查看小张的基本信息，命令如下：

```
[root@localhost file202306 ]# head -n 9 xiaozhang
------------------ 基本信息 ----------------------
姓名：小张
出生年月：1991 年 4 月
民族：汉族
学历：研究生
学位：硕士
婚姻状况：已婚
联系方式：151XXXX7208
通信地址：河北省保定市莲池区
```

任务 2.4 人员变动管理

在人员发生变动时，需要对人员的档案进行更新。例如，在人员离职时，则需要先查找到人员档案，然后进行删除；如果部门有人员调整，则需要先查找到调整的人员档案，然后移动到相应部门的目录下。

提示：公司按照年月创建存放的目录，如 2023 年 6 月份的目录名为 202306。

微课 2-12
人员变动管理

步骤 1 查询档案

使用 find 命令查找小李的档案，命令如下：

```
[root@localhost archives]# find ./ -name xiaoli
./file202306 /xiaoli
```

或者使用 locate 命令查找小李的档案，如果没有该档案，则可使用 updatedb 命令先更新数据库，再查找即可，命令如下：

```
[root@localhost archives]#locate li
locate: 无法执行 stat () '/var/lib/mlocate/mlocate.db': 没有那个文件或目录
[root@localhost archives]#updatedb
[root@localhost archives]#locate li
/archives/file202306 /li
```

步骤 2　注销档案

在 archives 目录下，使用 rm 命令删除小李的档案，再次查找发现已经没有小李的档案，命令如下：

```
[root@localhost archives]# rm -f ./file202306/xiaoli
[root@localhost archives]# find ./ -name xiaoli
[root@localhost archives]#
```

任务 2.5　备份文件

为避免 /mnt/archives 目录中的人才档案丢失或损坏，需要定期对人才档案进行备份，具体步骤如下。

微课 2-13
备份文件

步骤 1　打包

在 file202306 目录下，使用 tar 命令将小张、小刘和小王的档案进行打包，命令如下：

```
[root@localhost file202306 ]# tar -cvf package.tar xiaozhang xiaoliu xiaowang
xiaozhang
xiaoliu
xiaowang
[root@localhost file202306 ]# ls
package.tar xiaoliu xiaowang xiaozhang
```

步骤 2　压缩

在 file 202306 目录下，使用 gzip 命令将 tar 包进行压缩，命令如下：

```
[root@localhost file202306 ]# gzip package.tar > package.tar.gz
gzip: package.tar.gz already exists; do you wish to overwrite (y or n)? y
[root@localhost file202306]# ls
package.tar.gz  xiaoliu  xiaowang  xiaozhang
```

当然也可以直接使用 tar 命令直接将人才档案打包并压缩，命令如下：

```
[root@localhost file202306 ]# tar -zcvf package.tar xiaozhang xiaoliu xiaowang
xiaozhang
xiaoliu
xiaowang
[root@localhost file202306 ]# ls
package.tar.gz  xiaoli  xiaoliu  xiaowang  xiaozhang
```

项目总结

本项目详细讲解了 Linux 文件系统、磁盘的管理、文件管理、Vim 编辑器等命令的使用，完成了磁盘的添加及挂载、人员档案的创建、变动管理以及压缩备份等任务。通过完成任务的过程，引导学生将学习的知识转化为实际的应用。本项目中涉及文件删除、配置文件修改等多个敏感操作，在练习时尤其是使用 root 超级用户时，需要特别谨慎使用这些命令；同时希望能够熟练掌握本项目讲解的知识点和任务点，将细心谨慎的工作习惯和高效率的工作意识贯穿到生活、工作中。

课后练习

课后练习答案
项目 2

1. 选择题

（1）查看当前的工作目录，应该使用的命令是（　　　）。

    A. pwd　　　　　　B. ls –l　　　　　C. cat　　　　　　D. cd

（2）root 用户登录后首先进入的目录是（　　　）。

    A. /home　　　　　B. /tmp　　　　　C. /root　　　　　D. /bin

（3）在（　　　）模式下可以对文件进行修改。

    A. 插入　　　　　　B. 删除　　　　　C. 命令　　　　　D. 末行

（4）在 tar 命令中，（　　　）参数代表的是使用 gzip 工具进行压缩。

    A. z　　　　　　　　B. f　　　　　　　C. j　　　　　　　D. x

2. 填空题

（1）想要查看当前工作目录中所有文件的命令为_____。

（2）在执行 cp 命令时，若目标是已存在的文件，若需要提示信息，则需要添加参数_____。

（3）刚创建文档后，使用 locate 命令查找此文档，若显示文件不存在，则需要先执行_____命令更新数据库。

3. 实操题

（1）为保证档案的完整性，需定期备份档案信息，将所有人档案进行打包和压缩，并存放到 /archives/backup 目录中。

（2）小王因表现出色，升任为本部门组长，需要在档案新增人员的经历变动，请进行具体操作。

项目 *3*
基于 Linux 实现团队权限管理

学习目标

知识目标

- 理解用户、用户组和权限的概念
- 掌握创建、修改、删除用户和用户组命令的使用方法
- 掌握设置用户密码命令的使用方法
- 掌握在用户组中添加和删除用户命令的使用方法
- 掌握设置文件或目录归属命令的使用方法
- 掌握设置文件或目录权限命令的使用方法
- 掌握设置 ACL 权限命令的使用方法

能力目标

- 能够基于 Linux 实现对团队用户和用户组的管理
- 能够基于 Linux 实现对工作目录和文件访问权限的管理

素养目标

- 通过讲解 Linux 权限管理相关知识,培养学生敢于担当的责任意识
- 通过讲解搭建空气监测分析报告管理服务器的项目案例,增强学生的生态环境保护意识,培养学生"绿水青山就是金山银山"的可持续发展理念,为建设美丽中国和人类命运共同体做出贡献

项目描述

思维导图
项目 3

　　某市为加强空气质量监测，防治空气污染，于 A、B、C、D 4 个区县分别投放智能空气监测仪，仪器能够通过大数据分析，实现自动监测空气质量、分析污染源以及制订初步治理方案。为了保证监测仪器的性能和准确性，各区县分别安排 2 名数据分析员定期对仪器分析的数据制作评估报告，同时为该市安排 1 名检测员监测仪器状态和 1 名负责人统筹管理。

　　根据项目需要将仪器的评估报告保存到安全系数较高的 Linux 服务器中，请按以下要求完成 Linux 服务器的配置：

　　（1）分别在服务器中创建 A 区县数据分析员小张、小王，B 区县数据分析员小孙、小李，C 区县数据分析员小刘、小赵，D 区县数据分析员小郑、小吴，以及检测员小曹和负责人老陈，共 10 个用户。

　　（2）在服务器中创建 /report/ 仪器评估报告存放目录，在 /report/ 目录下创建 A、B、C、D 四个目录，分别存放对应区县的仪器评估报告。

　　（3）设置该市的检测员和负责人的账户对 /report/ 目录下所有文件拥有所有权限，检测员的账户具有只读权限。

　　（4）后期因智能空气监测仪器运行正常，且空气质量优良，故各区县减少 1 名数据分析员，需在系统删除小王、小李、小刘和小吴用户。

知识学习

1. Linux 用户

基于 Linux 实现
团队权限管理

PPT

教学设计
基于 Linux 实现
团队权限管理

　　（1）基本概念

　　Linux 是多用户、多任务的操作系统，支持多个用户在同一时间内登录，不同用户可以执行各自的任务，并且互不影响。每个用户都拥有唯一的用户 ID、用户名和密码。

　　（2）相关系统文件

　　1）用户配置文件：/etc/passwd

微课 3-1
Linux 用户

　　/etc/passwd 是系统用户配置文件，存储了系统中所有用户的基本信息，并且所有用户都可以对此文件执行读操作。

　　使用 cat 命令查看 /etc/passwd 文件信息，命令如下：

```
[root@localhost ~]# cat /etc/passwd
root:x:0:0:root:/root:/bin/bash
```

/etc/passwd 文件中，每行记录对应一个用户，新增用户的信息在文件最后一行，用户信息以 ":" 分隔，划分为 7 个字段，每个字段所表示的含义如图 3-1 所示。

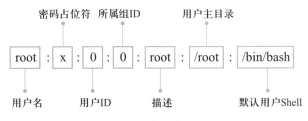

图 3-1　用户信息中每个字段所表示的含义

2）用户密码文件：/etc/shadow

/etc/shadow 文件用于存储 Linux 系统中用户的密码信息，只有 root 用户拥有读权限，其他用户没有任何权限，保证了用户密码的安全性。

（3）常用操作命令

1）添加用户命令：useradd

命令语法：useradd　选项　用户名。

useradd 命令常用选项及说明见表 3-1。

表 3-1　useradd 命令常用选项及说明

选项	说　明
-u	手动指定用户的 UID，注意 UID 的范围不要小于 1000
-d	手动指定用户的家目录，家目录必须为绝对路径
-m	创建用户时自动创建用户的家目录

示例：创建一个名为 "user001" 的用户，指定用户 UID 为 9999，自动创建家目录。

```
[root@localhost ~]# useradd -m -u 9999 user001
```

2）修改用户命令：usermod

命令语法：usermod　选项　用户名。

usermod 命令常用选项及说明见表 3-2。

表 3-2　usermod 命令常用选项及说明

选项	说　明
-g	修改用户的初始组
-G	修改用户的附加组
-u	修改用户的 UID

示例：修改 user001 用户的 UID 为 9998。

```
[root@localhost ~]# usermod -u 9998 user001
```

3）修改用户密码命令：passwd

命令语法：passwd　选项　用户名。

passwd 命令常用选项及说明见表 3-3。

表 3-3　passwd 命令常用选项及说明

选项	说　　明
空	设置用户密码
–l	暂时锁定用户，该选项仅 root 用户可用
–u	解锁用户，该选项仅 root 用户可用
–e	使用户密码失效，强制用户下次登录修改密码，该选项仅 root 用户可用

示例：设置 user001 用户的密码为 mm20230619。

```
[root@localhost ~]# passwd user001
更改用户 user001 的密码
新的密码：
重新输入新的密码：
passwd:所有的身份验证令牌已经成功更新
```

4）删除用户命令：userdel

命令语法：userdel　选项　用户名。

userdel 命令常用选项及说明见表 3-4。

表 3-4　userdel 命令常用选项及说明

选项	说　　明
–r	删除用户，同时删除用户家目录
–f	强制删除用户，即使用户已登录

示例：删除 user001 用户，同时删除其家目录。

```
[root@localhost ~]# userdel -r user001
```

一般在删除用户时都需要添加"–r"选项，否则会导致被删除用户的家目录失去属主和属组。

2. Linux 用户组

（1）基本概念

用户组是具有相同特征用户的集合，通过定义用户组，可以简化对用户的管理工作。

（2）相关系统文件

1）用户组配置文件：/etc/group

/ect/group 文件是用户组配置文件，即用户组的所有信息都存放在此文件中。

微课 3-2
Linux 用户组

使用 cat 命令查看 /etc/group 文件信息，命令如下：

```
[root@localhost ~]# cat /etc/group
root:x:0:
```

/etc/group 文件中，每行记录对应一个用户组，用户组信息以 ":" 分隔，划分为 4 个字段，每个字段所表示的含义如图 3-2 所示。

2）用户组密码文件：/etc/gshadow

/etc/gshadow 文件用于存储 Linux 系统中用户组的密码信息，与 /etc/shadow 文件功能相似。

（3）常用操作命令

1）添加用户组命令：groupadd

命令语法：groupadd 选项 组名。

groupadd 命令常用选项及说明见表 3-5。

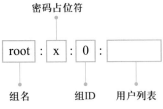

图 3-2　用户组信息

表 3-5　groupadd 命令常用选项及说明

选项	说　明
-g	手动指定用户组 GID
-r	创建系统用户组，系统用户组 GID 小于 500

示例：创建一个名为 "group" 的用户组，指定用户组 GID 为 9999。

```
[root@localhost ~]# groupadd -g 9999 group
```

2）修改用户组命令：groupmod

命令语法：groupmod 选项 组名。

groupmod 命令常用选项及说明见表 3-6。

表 3-6　groupmod 命令常用选项及说明

选项	说　明
-g	修改用户组 GID
-n	修改用户组组名

示例：修改 group 用户组组名为 "group001"，GID 为 9998。

```
[root@localhost ~]# groupmod -g 9998 -n group001 group
```

3）在用户组中添加或删除用户命令：gpasswd

命令语法：gpasswd 选项 组名。

gpasswd 命令常用选项及说明见表 3-7。

表 3-7　gpasswd 命令常用选项及说明

选项	说　　明
空	选项为空时，表示给群组设置密码，该选项仅 root 用户可用
-M	将多个用户加入群组，用户名以 "," 分隔，该选项仅 root 用户可用
-a	将用户添加到群组中
-d	将用户从群组中移除

示例：创建用户 user001，并将其加入 group001 用户组中。

```
[root@localhost ~]# useradd user001
[root@localhost ~]# gpasswd -a user001 group001
```

使用 gpasswd 命令可以给群组设置一个群组管理员，代替 root 用户完成将用户加入或移出群组的操作。

4）删除用户组命令：groupdel

命令语法：groupdel 组名

示例：删除 group001 用户组。

```
[root@localhost ~]# groupdel group001
```

注意，如果需要删除的群组是某用户的初始群组，则需要先修改相应用户的初始群组，否则该群组不能使用 groupdel 命令删除。

3.　Linux 权限管理

（1）基本概念

1）权限介绍

权限管理是指对不同用户或不同用户组，设置不同的目录和文件的访问权限，包括对目录和文件的读、写、执行权限等。在 Linux 中分别有读、写、执行权限，具体说明如下：

① 读权限

对于目录来说，是否拥有读权限会影响用户是否能够列出目录结构；对于文件来说，是否拥有读权限会影响用户是否能够查看文件内容。

② 写权限

对目录来说，是否拥有写权限会影响用户是否可以在目录下创建、删除、复制到和移动文件；对文件来说，是否拥有写权限会影响用户是否可以编辑文件。

③ 执行权限

一般都是对于目录的权限，特别是可执行的脚本文件。在 Linux 系统中，除了文件的读（r）、写（w）和执行（x，针对可执行文件或目录）权限外，有时会看到 s（针对可执行文件或目录，使用户在文件执行阶段临时拥有文件属主的权限）和 t（针对目录，任何用户都可以在此目录中创建文件，但只能删除自己的文件）权限，设置 s 和 t 权限会占用 x 权限的位置。

2）身份介绍

对文件或目录所属的用户、用户组进行设置，可分为以下 3 种身份：

① owner 身份

owner 身份为文件或目录的属主。

② group 身份

group 身份为文件或目录的属组，默认为创建者所在的初始组。

③ others 身份

微课 3–3
重难点透析：
Linux 权限管理
机制详解(上)

others 身份是除 owner 和 group 成员之外的用户。

在 Linux 系统中，root 用户拥有最高级权限，可以管理普通用户，并同时设置 owner、group、others 三种身份对文件或目录的访问权限，也可以修改文件的 owner 和 group 身份。

（2）Linux 权限位

以 root 身份执行如下命令：

```
[root@localhost ~]# ls -al
总用量 44
dr-xr-x---. 14 root root  4096 4月  13 18:05 .
-r-xr-xr-x. 17 root root  224 4月   11 01:33 ..
# 省略其他信息……
```

从执行结果可以看到，每行的第一列（如第一行的 "dr-xr-x---."）表示的就是各文件针对不同用户设定的权限，一共 11 位，第 1 位用于表示文件的具体类型，"d" 表示为目录，"–" 表示为普通文件；第 2 ~ 10 位表示三种身份的访问权限，其中第 2 ~ 4 位表示属主权限，5 ~ 7 位表示属组权限，8 ~ 10 位表示其他用户权限，如图 3–3 所示。

（3）ACL 访问控制列表权限

Linux 系统传统的权限控制方式，无非是利用 3 种身份（文件属主、所属群组、其他用户），并分别搭配 3 种权限（r、w、x）。但在实际应用中，仅靠 3 种身份可能不能满足用户的需求。例如，现有某文件 test，其属主为用户 user001，属组为用户组 group，要求 test 文件的属主和属组拥有读写执行权限，其他用户无任何权限，但用户 user002 有只读权限。

在上面的例子中，用户 user002 显然不属于文件属主、所属群组和其他用户 3 种身份的任何一种，而是拥有文件特殊权限的用户，如图 3–4 所示，此时则需要使用 Linux 的 ACL（Access Control List，访问控制列表）权限。

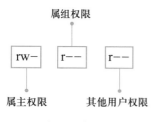

图 3-3   权限位

图 3-4   ACL 权限应用场景

在 Linux 系统中，ACL 可实现为单一用户或用户组设定文件或目录的访问权限，即访问权限除了使用传统方式进行设置，还可以使用 ACL 进行设置。在 RHEL 8 操作系统中，ACL 权限默认为开启状态，可直接使用。

（4）三种特殊权限

1）SUID 特殊权限

除了 r、w 和 x 权限，用户还会使用 s 权限，例如：

```
[root@localhost ~]# ls -l /usr/bin/passwd
-rwsr-xr-x. 1 root root 22984 Apr  12  2023 /usr/bin/passwd
```

可以看到，原本表示文件属主权限中的 x 权限位，却出现了 s 权限，此种权限通常称为 SetUID，简称为 SUID 特殊权限。

SUID 特殊权限仅适用于可执行文件，其功能为：只要用户对设有 SUID 的文件有执行权限，那么当用户执行此文件时，会以文件属主的身份去执行此文件，一旦文件执行结束，身份的切换也随之消失。

2）SGID 特殊权限

与 SUID 相对应，当 s 权限位于属组的 x 权限位时，将其称为 SetGID，简称为 SGID 特殊权限。与 SUID 不同的是，SGID 既可以对文件进行配置，也可以对目录进行配置。

当一个目录被赋予 SGID 权限后，对于进入此目录的普通用户，其有效群组会变为该目录的属组，这就使得用户在创建文件（或目录）时，所创建文件（或目录）的属组将不再是用户的属组，而是目录的属组。也就是说，只有当普通用户对具有 SGID 权限的目录有 r、w 和 x 权限时，SGID 的功能才能完全发挥。

3）SBIT 特殊权限

Sticky BIT，简称为 SBIT 特殊权限，可理解为粘着位、粘滞位、防删除位等。SBIT 权限仅对目录有效，一旦目录设定了 SBIT 权限，则用户在此目录下创建的文件或目录，就只有自己和 root 用户才有权限修改或删除。

微课 3-3
重难点透析：
Linux 权限管理
机制详解(下)

（5）常用操作命令

1）修改文件和目录权限命令：chmod

chmod 命令可以用来设定文件权限，分为使用数字和字母 2 种方式来进行权限变更。

命令语法：chmod 选项 权限值 文件名。

chmod 命令常用选项及说明见表 3–8。

表 3-8　chmod 命令常用选项及说明

选项	说　明
–R	递归修改权限，即同时修改子目录中所有文件的权限

① 使用数字进行权限变更

在 Linux 系统中，文件的基本权限由 9 个字符组成，以 "rwxrwxr--" 为例，可以使用数字来代表各个权限，各个权限与数字的对应关系如下：

```
r:4  w:2  x:1  -:0
```

由于这 9 个字符分属 3 类用户，因此每种用户身份包含 3 个权限，将 3 个权限对应的数字累加，最终得到的值即可作为每种用户所具有的权限。

属主 = rwx = 4+2+1 = 7
属组 = rwx= 4+2+1 = 7
其他用户 = r-- = 4+0+0=4

因此，"rwxrwxr--" 对应的权限值就是 774。

示例：创建一个名为 test 的文件，使用数字修改其权限为 "rwxr-----"。

```
[root@localhost ~]# touch test
[root@localhost ~]# chmod 740 test
```

② 使用字母进行权限变更

既然文件的基本权限就是 3 种用户身份（属主、属组和其他人）搭配 3 种权限（读、写和执行），chmod 命令中用 "u" "g" "o" 分别代表 3 种身份，用 "a"（all 的缩写）表示全部身份。

使用字母修改文件权限的 chmod 命令基本格式如图 3–5 所示。

使用字母格式完成上述示例：

```
chmod   u    +（加入）    r
        g    -（删除）    w    文件或目录名
        o    =（设定）    x
        a
```

图 3-5　chmod 命令字母格式

```
[root@localhost ~]# chmod u=rwx,g=r test
```

2）设定与修改默认权限命令：umask

在 Windows 系统中，新建文件和目录是通过继承上级目录的权限获得初始权限的，而 Linux 不同，它是通过使用 umask 默认权限来给所有新建的文件和目录赋予初始权限的。

命令语法：umask 权限值

直接运行 umask 命令，可以查看当前默认权限：

```
[root@localhost ~]# umask
0022   #root 用户默认是 0022,普通用户默认是 0002
```

umask 默认权限由 4 个八进制数组成，第 1 个数代表的是文件所具有的特殊权限（SUID、SGID、SBIT），后 3 位数字"022"代表权限值，将其转变为字母形式为"----w--w-"。

虽然 umask 可以用来设定文件或目录的初始权限，但并不是直接将 umask 设置的权限值作为文件或目录的初始权限，而是需要经过以下计算：

文件（或目录）的初始权限 = 文件（或目录）的最大默认权限 - umask 权限

可以利用字母权限的方式计算文件或目录的初始权限。以 umask 值为 022 为例，分别计算新建文件和目录的初始权限：

文件的最大默认权限是 666，换算成字母是"rw-rw-rw-"，umask 的值是 022，换算成字母为"----w--w-"。把两个字母权限相减，得到（rw-rw-rw-）-（----w--w-）=（rw-r--r--），即新建文件的初始权限。

目录的最大默认权限是 777，换算成字母是"rwxrwxrwx"，umask 的值是 022，换算成字母为"----w--w-"。把两个字母权限相减，得到（rwxrwxrwx）-（----w--w-）=（rwxr-xr-x），即新建目录的初始权限。

注意，在计算文件或目录的初始权限时，不能直接使用最大默认权限和 umask 权限的数字形式做减法。例如，若 umask 默认权限的值为 033，按照数字形式计算文件的初始权限，666-033=633，但按照字母的形式计算会得到（rw-rw-rw-）-（----wx-wx）=（rw-r--r--），换算成数字形式是 644。

umask 权限值可以通过如下命令修改：

```
[root@localhost ~]# umask 002
```

3）修改文件和目录属组命令：chgrp

命令语法：chgrp 选项 属组 文件名（目录名）。

chgrp 命令常用选项及说明见表 3-9。

表 3-9　chgrp 命令常用选项及说明

选项	说　　明
-R	递归修改文件或目录的属组

示例：创建一个名为 group001 用户组，修改 test 文件属组为 group001。

```
[root@localhost ~]# groupadd group001
[root@localhost ~]# chgrp group001 test
```

4）修改文件和目录的属主和属组命令：chown

命令语法：chown 选项 属主:属组 文件名（目录名）。

chown 命令常用选项及说明见表 3-10。

表 3-10　chown 命令选项及说明

选项	说　　明
–R	递归修改文件或目录的属主或属组

需要注意，使用 chown 命令修改文件或目录的属主时，要保证属主用户（或用户组）存在，否则该命令无法正确执行，会提示 "invalid user" 或者 "invalid group"。

示例：创建一个名为 "user002" 的用户和名为 "group002" 的用户组，修改 test 文件属组为 group002，属主为 user002。

```
[root@localhost ~]# groupadd group002
[root@localhost ~]# useradd user002
[root@localhost ~]# chown user002:group002 test
```

5）查看 ACL 权限命令：getfacl

命令语法：getfacl 文件名（目录名）。

getfacl 命令用于查看文件或目录设定的 ACL 权限信息，常和 setfacl 命令一起搭配使用。

6）设置 ACL 权限命令：setfacl

命令语法：setfacl 选项 文件名（目录名）。

setfacl 命令常用选项及说明见表 3-11。

表 3-11　setfacl 命令常用选项及说明

选项	说　　明
–m	设定 ACL 权限。如果是给予用户 ACL 权限，参数则使用 "u: 用户名 : 权限" 的格式；如果是给予用户组 ACL 权限，参数则使用 "g: 组名 : 权限" 格式
–R	递归设定 ACL 权限

7）提权命令：sudo

sudo 命令可以切换至其他用户的身份去执行命令，默认只有 root 用户可以使用。

命令语法：sudo 选项要执行的命令。

sudo 命令常用选项及说明见表 3-12。

表 3-12　sudo 命令常用选项及说明

选项	说　　明
–b	将命令放到后台中运行，不对当前的 Shell 环境产生影响
–u	需切换的用户名或 UID，若无此项，则代表切换身份为 root

项目实施

本项目基于 Linux 搭建智能空气监测仪评估报告数据管理服务器，使报告管理工作人员能够登录 Linux 系统，并且在指定工作目录中记录仪器的评估报告，同时实现对报告管理工作人员的 Linux 系统账号的管理，下面分 4 个任务实现该项目功能。

任务 3.1　创建报告管理用户和用户组

微课 3-4
创建报告管理
用户和用户组

在 Linux 服务器中创建 A、B、C、D 4 个区县的数据分析员、检测员和负责人共 10 名用户，并根据用户的工作职责创建和分配用户组，分以下 3 个步骤实现。

步骤 1　创建报告管理用户

在 root 权限下，使用 useradd 命令创建用户 laochen，添加 "-m" 选项自动创建用户家目录，命令如下：

```
[root@localhost ~]# useradd -m laochen
```

使用 cat 命令查看系统用户配置文件 /etc/passwd，命令如下：

```
[root@localhost ~]# cat /etc/passwd
root:x:0:0:root:/root:/bin/bash
bin:x:1:1:bin:/bin:/sbin/nologin
# 省略其他用户信息……
laochen:x:1001:1001::/home/laochen:/bin/bash    #laochen（老陈）的用户信息
```

可以看到最后一行为 laochen 的用户信息，说明用户创建成功。

使用 passwd 命令为用户 laochen 设置初始登录密码为 12345678，命令如下：

```
[root@localhost ~]# passwd laochen
更改用户 laochen 的密码
新的密码:
无效的密码: 密码未通过字典检查 - 太简单或太有规律
重新输入新的密码:
passwd:所有的身份验证令牌已经成功更新。
```

Linux 不建议使用规则简单的密码，因此会提示密码无效，再次输入密码即可忽略提示。

为了保障用户账号的安全性，需要设置用户在首次登录时修改密码。使用 passwd 命令添加 "-e" 选项设置用户密码失效，强制用户下次登录时修改密码，命令如下：

```
[root@localhost ~]# passwd -e laochen
```

使用相同的方法依次创建 xiaozhang、xiaowang、xiaosun、xiaoli、xiaoliu、xiaozhao、 xiaozheng、xiaowu 和 xiaocao 用户，并设置密码，此处不再赘述。

操作要规范，小鹅有提醒

（1）Linux 操作系统不支持中文用户名，可以使用拼音或英文名代替。

（2）因 Linux 操作系统的安全性设置，输入密码时字符不以明文显示，且不能删除。

步骤 2 创建报告管理用户组

各区县数据分析员和负责人拥有相同的访问权限，因此可以将他们添加到同一个用户组（report），以方便后续管理权限。检测员与其他工作人员权限不同，需要为其单独创建一个用户组（detection），单独管理权限。

使用 groupadd 命令创建用户组 report 和 detection，命令如下：

```
[root@localhost ~]# groupadd report
[root@localhost ~]# groupadd detection
```

使用 cat 命令查看系统用户组配置文件 /etc/group，命令如下：

```
[root@localhost ~]# cat /etc/group
# 省略其他用户组信息……
report:x:1008:
detection:x:1009:
```

步骤 3 分配报告管理用户到用户组

完成用户和用户组的创建后，需要将用户分配到对应的用户组中，使用 usermod 命令添加 "–G" 选项将已有用户添加到用户组中。

添加用户 laochen 到 report 用户组中，命令如下：

```
[root@localhost ~]# usermod -G report laochen
```

使用 getent 命令查看用户组成员信息，命令如下：

```
[root@localhost ~]# getent group report
report:x:1008:laochen
```

可以看到用户 laochen 已经加入用户组 report 中，使用相同方法添加用户 xiaozhang、xiaowang、xiaosun、xiaoli、xiaoliu、xiaozhao、xiaozheng 和 xiaowu 到用户组 report 中，添加用户 xiaocao 到用户组 detection 中，此处不再赘述。

操作要规范，小鹅有提醒

（1）将用户添加到用户组之前需确保用户和用户组已经被创建。

（2）使用 usermod 命令一次只能添加一个用户到一个或多个组中，无法同时添加多个用户。

任务 3.2　分配报告管理团队权限

微课 3–5
分配报告管理
团队权限

当用户和用户组创建完成后，需要创建工作报告存放目录并设置工作团队成员的访问权限，分以下两个步骤实现。

步骤 1　创建报告目录

使用 mkdir 命令创建仪器评估报告目录 /report、/report/A、/report/B、/report/C 和 /report/D，添加 "–p" 选项可以递归创建目录，命令如下：

```
[root@localhost ~]# mkdir -p /report/A
[root@localhost ~]# mkdir /report/B
[root@localhost ~]# mkdir /report/C
[root@localhost ~]# mkdir /report/D
```

第一行命令添加 "–p" 选项后已经同时创建了目录 /report 和 /report/A，因此后面三条命令只需要创建子目录即可。

在 /report 目录下使用 ls 命令查看目录是否创建成功，命令如下：

```
[root@localhost ~]# cd /report
[root@localhost report]# ls
A  B  C  D
[root@localhost report]# cd ..
```

步骤 2　设置报告目录访问权限

report 用户组中的用户拥有 /report 目录及其所有子目录和文件的读、写和执行权限，设置 /report 目录的属组为 report，然后修改 /report 目录属组的访问权限为可读、写和执行。

使用 ls 命令查看 /report 目录的默认属组和访问权限，命令如下：

```
[root@localhost ~]# ls -ld /report
总用量 0
drwxr-xr-x. 2 root root 6 4月  12 12:32 report
```

可以看到 /report 目录默认属组为 root，默认访问权限为 "rwxr–xr–x"，即 755。

使用 chown 命令设置 /report 目录的属组为 report，添加 "–R" 选项递归设置 /report 目录下子目录和文件的属组，命令如下：

```
[root@localhost ~]# chown -R :report /report
```

使用 chmod 命令设置 /report 目录的访问权限为属组可读、写、执行，其他用户无任何权限，添加"-R"选项递归设置 /report 目录下子目录和文件的访问权限，命令如下：

```
[root@localhost ~]# chmod -R 770 /report
```

再次使用 ls 命令查看 /report 目录的属组和访问权限，命令如下：

```
[root@localhost ~]# ls -ld /report
总用量 0
drwxrwx---. 2 root report 6 4月  12 12:32 report
```

可以看到 /report 目录属组已经修改为 report，访问权限修改为"rwxrwx---"，即 770。

在执行 chown 和 chmod 的命令时添加了"-R"选项，递归修改了 /report 目录下所有目录及文件的属组和访问权限，那么在 /report 目录下新建一个文件或目录时，新建文件或目录的属组和访问权限是否会继承父级目录呢？下面来测试一下。

使用 touch 命令创建一个文件 test，命令如下：

```
[root@localhost ~]# touch /report/test
```

使用 ls 命令查看 test 文件属组和访问权限，命令如下：

```
[root@localhost ~]# ls -l /report/test
-rw-r--r--. 1 root root 0 4月  12 20:57 /report/test
```

可以看到 test 文件属组为 root，访问权限为"rw-r--r--"。新建文件并没有继承 /report 目录的属组和访问权限，而设置为创建者的主组和系统默认的访问权限，这不是用户想要的效果。下面通过两个命令解决这个问题。

首先通过为 /report 目录设置 SGID 特殊权限，使在 /report 目录下创建的文件或目录继承父目录的属组，命令如下：

```
[root@localhost ~]# chmod g+s /report
```

然后使用 umask 命令设置系统文件默认访问权限，值为 002 代表新建文件默认访问权限为 664，命令如下：

```
[root@localhost ~]# umask 002
```

删除 test 文件并重新创建，使用 ls 命令查看 test 文件属组和访问权限，命令如下：

```
[root@localhost ~]# rm -f /report/test      #删除 test 文件
[root@localhost ~]# touch /report/test      #新建 test 文件
[root@localhost ~]# ls -l /report/test      #查看 test 文件信息
-rw-rw-r--. 1 root report 0 4月  12 21:00 /report/test
```

此时 test 文件属组为 report，访问权限为"rw-rw-r--"，即 664。

操作要规范，小鹅有提醒

（1）SGID 只对目录和文件有效。

（2）权限字符与数字间相互换算要仔细、认真。

（3）改变文件和目录的属主或属组时，必须使用系统中已经存在的用户或用户组。

任务 3.3　分配报告管理团队特殊权限

微课 3-6
分配报告管理
团队特殊权限

　　检测员小曹拥有 /report 目录下文件和目录的可读权限，拥有的权限小于目录属主和属组，但大于其他人员，因此小曹不属于 /report 目录属主、属组和其他用户中的一种，而是属于一种特殊身份。此时应该如何为小曹设置权限呢？

万事有诀窍，小鹅来支招

　　小曹属于单一用户，可以通过 Linux 的 ACL 访问控制权限实现对单一用户或用户组设定访问权限。

　　使用 setfacl 命令为 /report 目录设置 ACL 权限，添加 "-m" 选项为某个用户或用户组添加 ACL 权限，添加 "-R" 选项递归使目录下的子目录和文件继承 ACL 权限，命令如下：

```
[root@localhost ~]# setfacl -m g:detection:rx -R /report
```

　　使用 getfacl 命令查看 /report 目录的 ACL 权限，命令如下：

```
[root@localhost ~]# getfacl /report
# file: report
# owner: root
# group: report
# flags: -s-
user::rwx
group::rwx
group:detection:r-x     #detection 组拥有读和执行权限
mask::rwx
other::---
```

　　之所以没有将小曹加入到 report 用户组中，是因为这样做会使小曹拥有 report 用户组权限，导致其可以编辑 /report 目录下的目录和文件。

任务 3.4　维护报告管理团队成员

因数据分析员小王、小李、小刘和小吴被调离工作岗位，需及时调整他们的工作执行权限，在系统中删除相应用户。

以删除用户 xiaowang 为例，使用 userdel 命令删除用户，添加 "–r" 选项同时删除用户家目录，命令如下：

微课 3–7
维护报告管理
团队成员

```
[root@localhost ~]# userdel -r xiaowang
```

使用 cat 命令查看 /etc/passwd 文件，命令如下：

```
[root@localhost ~]# cat /etc/passwd | grep xiaowang
```

执行命令后没有任何输出，代表 xiaowang 用户已经被删除。

使用 ls 命令查看 /home 目录，命令如下：

```
[root@localhost ~]# ls /home
laochen xiaozhang xiaosun xiaoli xiaoliu xiaozhao xiaozheng xiaowu
xiaocao
```

可以发现，xiaowang 用户的家目录也已经被删除。使用相同方法删除 xiaoli、xiaoliu 和 xiaowu 用户，此处不再赘述。

操作要规范，小鹅有提醒

（1）为提高工作的安全性，在进行人员调整时，需及时调整相关人员的工作执行权限。

（2）进行删除操作需格外谨慎，应避免错删系统的重要信息或用户。

项目总结

在本项目中通过记录智能空气监测仪的评估报告，管理工作小组的权限，有利于更好地管理工作系统和保护工作系统的安全，可以根据需求为各类工作人员设置不同的权限，以便获得更佳的安全性和稳定性。

本项目需要重点掌握的内容总结如下：

（1）创建用户：登录系统。

（2）创建用户组：将相同权限的用户加入同一个用户组中，方便统一授权管理。

（3）创建工作目录：存放工作文件。

（4）设置工作目录归属：设置为需授权的用户或用户组，明确权限的执行范围。

（5）设置工作目录归属者的权限：设置目录属主、属组、其他用户的访问权限，明确各类用户权限。

（6）设置特殊权限：如果工作组中存在特殊权限用户或用户组，可以为其分配特殊权限。

无论多么复杂的工作场景，通过以上几个步骤基本都可以实现权限设定，关键点在于权限分配要合理，执行命令要准确。

课后练习

课后练习答案
项目 3

1. 选择题

（1）以下选项中不属于 Linux 系统中用户种类的是（　　）。

　　A. 超级用户　　　B. 普通用户　　C. 程序用户　　　D. 虚拟用户

（2）/etc/shadow 文件中存放（　　）信息。

　　A. 用户账号　　　　　　　　　B. 用户口令加密

　　C. 用户组　　　　　　　　　　D. 文件系统

（3）在 /etc/passwd 文件中每行分隔了 7 段，其中第 6 段的内容为（　　）。

　　A. 用户全名　　　　　　　　　B. 用户登录 shell 环境

　　C. 宿主目录　　　　　　　　　D. 密码占位符

（4）在设置目录权限时，若要使目录下的子文件继承该目录的权限，应使用（　　）。

　　A. –r　　　　　　B. –R　　　　　　C. –L　　　　　　D. –l

（5）设置 ACL 特殊权限的命令是（　　）。

　　A. getfacl　　　　B. setfacl　　　　C. chmod　　　　D. modfacl

2. 填空题

（1）建立用户账号的命令是_____。

（2）某文件的权限为"drw-r--r--"，用数值形式表示该权限，八进制数为_____，该文件属性是_____。

（3）在不注销的情况下切换到系统中另一个用户的命令是_____。

（4）如果需要在一个部门内设置共享目录，让部门内的所有人员都能够读取目录中的内容，那么就可以在创建部门共享目录后，设置该目录的_____权限。

3. 简答题

（1）简述 Linux 操作系统的 3 种特殊权限及其作用。

（2）简述"chmod 764 test"命令的作用。

4. 实操题

为避免各区县数据分析员误操作其他人员的工作文件，请设置各区县数据分析员仅可修改所属区县目录下的文件，对其他区县目录下的文件只拥有只读权限。

项目 *4*
基于 Linux 实现
服务器应用程序管理

学习目标

知识目标

- 理解 RPM 软件包的概念
- 理解 YUM 软件管理器的工作原理
- 掌握 rpm 命令的使用方法
- 掌握 yum 命令的使用方法
- 掌握 YUM 软件仓库的配置方法

能力目标

- 能够在 Linux 操作系统中管理软件
- 能够在 Linux 操作系统中定制软件仓库

素养目标

- 通过配置本地 YUM 仓库，培养学生在处理任务、面对问题的过程中不畏困难、敢于挑战的优秀品质
- 通过信创产业的创业案例，培养学生团结协作、合作共赢的团队精神，增强学生时代担当的意识
- 通过使用多种方式管理应用程序，培养学生善于思考、勤于实践的良好习惯，提升学生创新驱动发展的意识

项目描述

思维导图
项目 4

　　为加快实施创新驱动发展战略，需要全面推进高水平科技自立自强。信息技术应用创新产业（简称信创产业）的目标是自主可控，是新基建的重要组成部分，很好地契合了国家科技自立自强的发展趋势。某互联网企业的员工小王敏锐地察觉到信创产业的发展带来的巨大市场空间，因此决定组建团队在信创产业应用软件领域创业，从事办公软件和业务软件的开发。小王最近接手了一个包含前后端的网站开发项目，开发服务器要求使用Linux 操作系统。作为该公司新入职的运维人员，请根据任务需求，为Linux 服务器安装软件。请根据以下具体任务要求，使用 yum、rpm 命令来安装第三方软件并使用 YUM 创建本地自用仓库。

　　具体任务要求如下：

　　（1）后端工程师小刘想使用移动硬盘在 Linux 服务器上复制一些资料，移动硬盘是NTFS 格式，常用于 Windows 系统。默认情况下，Linux 系统不识别该格式的磁盘，现在需通过 yum 命令安装第三方软件，让 Linux 服务器可以识别和使用 NTFS 格式的移动硬盘。

　　（2）项目经理小王发现 Linux 服务器下载软件速度很慢，通过查看 YUM 配置文件，发现系统使用的是来自国外的 yum 源。正好公司有 RHEL 镜像光盘，小王打算使用它来制作本地自用仓库，以提升软件的下载速度。

　　（3）项目经理小王计划给 Linux 服务器安装 iperf3 软件，利用该软件分析网络吞吐率丢包率、最大传输单元大小等统计信息，请使用本地自用仓库，使用 rpm 命令离线安装该软件。

知识学习

1. RPM 软件包

基于 Linux 实现
服务器应用程序
管理

教学设计
基于 Linux 实现
服务器应用程序
管理

　　RPM（Red Hat Package Manager）是由 Red Hat 公司开发的软件管理机制，RHEL、CentOS、Fedora、SUSE 等知名的发行版操作系统就使用其作为软件的管理机制。

　　RPM 最大的特点就是将要安装的软件预先编译好，并打包成 RPM的文件格式，通过其默认的数据库，记录软件安装时需要的依赖软件。RPM 文件是已经编译好的数据，所以软件安装时的环境必须与打包时的一致，不同发行版本的软件往往不能兼容。

　　当把软件安装到 Linux 主机时，RPM 会先依照软件中的数据查询 Linux 主机的依赖软件是否满足要求，若满足要求则安装软件，同

时将软件的信息写入本地 RPM 数据库，以便以后的查询、升级和
卸载。

RPM 软件包是一个以 ".rpm" 结尾的文件，用户往往通过包名即可
知道该软件的名称、版本信息、发布版本、适合的系统平台。

微课 4-1
RPM 软件包

例如：bzip2-1.0.6-13.el7.x86_64.rpm，该 RPM 软件包说明见表 4-1。

表 4-1　RPM 软件包说明

bzip2	1.0.6	13.el7	x86_64	rpm
软件名称	版本信息	发行版本	系统平台	扩展名

2. RPM 操作命令

（1）安装软件的 rpm 命令

命令语法：rpm –i［v｜h｜…］RPM 包名。

rpm 安装软件命令常用选项及说明见表 4-2。

微课 4-2
RPM 操作命令

表 4-2　rpm 安装软件命令常用选项及说明

选项	说　　明
–i	install，即安装
–v	verbose，即显示详细的安装过程
–h	human，即以人类易读的方式显示，此处显示安装进度
--nosignature	不检验软件包的签名
--force	强制安装软件，可能会发生很多不可预测的问题
--nodeps	忽略依赖关系安装软件，可能会导致软件无法正常使用

操作要规范，小鹅有提醒

在使用 rpm 命令安装软件时，有两种方式：一种是通过本地路径安装，另一种是通
过 URL 路径安装。无论使用哪种方式，最后的文件名必须是完整的 RPM 包名，不可以
是软件名称。

示例：使用 rpm 命令分别通过本地路径和 URL 路径来安装 bzip2 软件。

首先挂载系统安装光盘，把 bzip2 的 RPM 软件包从系统光盘复制到 /root 目录，然
后通过本地路径 "/root/bzip2-1.0.6-26.el8.x86_64.rpm" 安装 bzip2 软件，命令如下：

```
[root@localhost ~]# mkdir /mnt/cdrom
[root@localhost ~]#mount /dev/sr0 /mnt/cdrom
```

```
[root@localhost ~]#cp /mnt/cdrom/BaseOS/Packages/bzip2-1.0.6-26.el8.
x86_64.rpm /root
[root@localhost ~]# rpm -ivh /root/bzip2-1.0.6-26.el8.x86_64.rpm
```

通过 url 路径安装 bzip2 软件，命令如下：

```
[root@localhost ~]# rpm -ivh https://vault.centos.org/centos/8/BaseOS/
x86_64/os/Packages/ \
> bzip2-1.0.6-26.el8.x86_64.rpm
```

（2）更新软件的 rpm 命令

命令语法：rpm –U［v｜h｜…］RPM 包名 或 rpm –F［v｜h｜…］RPM 包名。

rpm 更新软件命令常用选项及说明见表 4–3。

表 4-3 rpm 更新软件命令常用选项及说明

选项	说　明
–U	如果未安装包，则等同于"–i"进行安装；如果已安装包，则进行更新
–F	单纯地更新，如果之前没有安装则无法升级

示例：使用 rpm 命令对 bzip2 软件进行更新，命令如下：

```
[root@localhost ~]# rpm -Uvh /root/bzip2-1.0.6-26.el8.x86_64.rpm
```

（3）卸载软件的 rpm 命令

命令语法：rpm –e［v｜h｜…］软件名称。

rpm 卸载软件命令常用选项及说明见表 4–4。

表 4-4 rpm 卸载软件命令常用选项及说明

选项	说　明
–e	erase，即卸载软件
--nodeps	在卸载的时候如果使用 nodeps 选项，则不检查依赖关系，直接卸载

示例：使用 rpm 命令来卸载 bzip2 软件，命令如下：

```
[root@localhost ~]# rpm -evh bzip2
```

（4）查询软件的 rpm 命令

命令语法：rpm –q［a｜f｜l｜p｜R｜…］软件名。

rpm 查询软件命令常用选项及说明见表 4–5。

表 4-5 rpm 查询软件命令常用选项及说明

选项	说　明
–q	query，即查询软件
–a	all，即查询所有的软件

选项	说　　明
–f	查询某个文件是由哪个软件包安装的，后面的参数必须是文件的绝对路径
–l	列出软件所安装的所有文件，显示完整的文件名
–p	查询 RPM 包文件内的信息，非已安装的软件的信息
–R	查询软件所依赖的文件

示例：查询软件包是否已安装。

```
[root@localhost ~]# rpm -q bzip2
```

示例：查询安装某个软件时，都安装了哪些文件。

```
[root@localhost ~]# rpm -ql bzip2
```

示例：通过 RPM 包查询未安装的软件信息。

```
[root@localhost ~]# rpm -qpi /root/bzip2-1.0.6-26.el8.x86_64.rpm
```

3. RPM 数据库和数字签名

RPM 数据库用于记录在 Linux 系统中安装、卸载、升级应用程序的相关信息，由 RPM 包管理系统自动完成维护，一般不需要用户干预。当 RPM 数据库发生损坏（如误删文件、非法关机、病毒破坏等）且 Linux 系统无法自动完成修复时，将导致无法使用 rpm 命令正常地安装、卸载及查询软件包，这时就可以使用 rpm 命令重建 RPM 数据库，命令如下所示：

微课 4-3
RPM 数据库和
数字签名

```
[root@localhost ~]# rpm --rebuilddb
或者
[root@localhost ~]# rpm --initdb
```

在 Linux 应用领域中，相当一部分软件厂商会对所发布的软件包进行数字签名，以确保软件的完整性、合法性。对于用户来说，可以利用软件官方提供的公钥文件，自动验证下载的软件包，如果在安装软件时出现验证失败的提示，则表示该软件包可能已经被非法篡改。

Red Hat 在构建 RPM 包时，使用其私钥对 RPM 进行数字签名。用户在安装 RPM 包时，可以使用 Red Hat 提供的公钥进行签名信息比对，若签名相同则安装，否则将警告或停止安装。

RHEL 的公钥文件位于 /etc/pki/rpm-gpg/ 目录下。可以通过 rpm --import 命令来导入公钥，命令如下所示：

```
[root@localhost ~]# rpm --import /etc/pki/rpm-gpg/RPM-GPG-KEY-redhat-
release
```

如果使用 rpm 命令安装软件时不想进行签名验证，则可以加上 "--nogpgcheck" 选
项，命令如下所示：

```
[root@localhost ~]# rpm -ivh --nogpgcheck /root/bzip2-1.0.6-26.el8.
x86_64.rpm
```

4. YUM 软件管理器

微课 4-4
YUM 软件管理器

使用 RPM 工具管理软件包时，需要考虑操作系统版本、系统硬件
架构、依赖关系等，RPM 很难处理软件直接的依赖关系，如果软件未
安装，则很难知道是哪个软件包提供了该软件，种种问题造成了使用
RPM 安装软件的不便，而 YUM 就可以很好地解决上述问题，极大地
方便了软件的管理。

YUM（Yellow dog Updater Modified）是一个基于 RPM 机制的包管理器，能够从指
定的服务器自动下载 RPM 包并且安装，可以自动处理依赖性关系，并且可以一次安装
所有依赖的软件包。

RHEL 或 CentOS 会把发布的软件存放在 YUM 服务器中，分析所有软件的依赖关
系，然后生成软件相关性清单列表。当 Linux 客户端需要安装某软件时，会主动向 YUM
服务器申请下载软件相关性清单列表，通过比对列表中的数据与本地 RPM 仓库数据，
找到该软件所需的、未安装的依赖软件，然后从 YUM 服务器下载相应的 RPM 包，并自
动地按照依赖关系安装软件。YUM 工作原理示意图如图 4-1 所示。

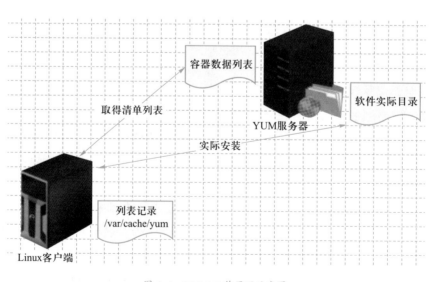

图 4-1   YUM 工作原理示意图

5. YUM 软件仓库

在 YUM 服务器中，把存放软件和清单列表的目录称为软件仓库或软件源。一个 YUM 服务器往往会根据所提供的 RPM 文件内容的差异，存在多个软件仓库。

微课 4-5
YUM 软件仓库

Red Hat Enterprise Linux 8 提供了两个主要的软件仓库：BaseOS 和 AppStream。

BaseOS 包含底层操作系统的核心组件，为所有软件的安装提供基础，以 RPM 包的形式提供软件。AppStream 包含额外的用户空间应用程序、运行时语言和数据库来支持各种工作负载和用例。

在 Linux 客户端，可以使用 http 或者 ftp 来访问软件源，通过配置文件，选择不同的软件源。RHEL 中所有跟软件源相关的配置文件都存放在 /etc/yum.repos.d/ 目录下，并以".repo"结尾。

YUM 主要的配置项及说明见表 4-6。

表 4-6　YUM 主要的配置项及说明

配置项	说　　明
base	代表仓库名称，名称可以随意自定义
name	描述仓库含义
mirrorlist	列出可以使用的镜像站点，如果不想使用，则可以注释
baseurl	后面接仓库地址，mirrorlist 是由 yum 程序自行查找镜像站点，baseurl 则是指定一个固定容器地址
enabled	是否使用这个仓库
gpgcheck	是否需要查阅 RPM 文件内的数字证书
gpgkey	数字证书公钥文件所在的位置，使用默认值

通过修改 mirrorlist 或者 baseurl 的值，就可以更改 YUM 的软件仓库。

在 RHEL 中，只有购买 RHEL 订阅，才能从 RHEL 提供的软件仓库下载软件包。如果未订阅或者订阅已过期，则无法使用 RHEL 提供的任何软件仓库。在实际工作中，建议购买 RHEL 订阅。在本项目中采用一种替代方法，将 CentOS 软件仓库添加到 YUM 配置中。CentOS 是 RHEL 的再编译版本，因此它的大多数软件包都与 RHEL 兼容。下面使用阿里云提供的 centos-vault 源来配置 YUM 软件仓库，操作如下所示：

微课 4-6
重难点透析：
使用 centos-
vault 源配置
软件仓库

```
[root@localhost ~]# curl -o /etc/yum.repos.d/CentOS-Base.repo \
> https://mirrors.aliyun.com/repo/Centos-vault-8.5.2111.repo
[root@localhost ~]# yum makecache
```

还可以使用阿里云镜像站配置 EPEL 源，以方便用户安装一些功能强大的第三方软件，操作如下所示：

```
# 安装 EPEL 配置包
[root@localhost ~]#yum install -y https://mirrors.aliyun.com/epel/epel-
rclease-latest-8.noarch.rpm
# 将 repo 配置中的地址替换为阿里云镜像站地址
[root@localhost ~]# sed -i 's|^#baseurl=https://download.example/
pub|baseurl=https://mirrors.\
> aliyun.com|' /etc/yum.repos.d/epel*
[root@localhost ~]#sed -i 's|^metalink|#metalink|' /etc/yum.repos.d/epel*
```

有问必有答，小鹅小百科

EPEL（Extra Packages for Enterprise Linux）是为企业级 Linux 提供的一组高质量的软件包，所支持的操作系统包括但不限于 Red Hat Enterprise Linux（RHEL）、CentOS、Scientific Linux（SL）和 Oracle Enterprise Linux（OEL）等。

6. YUM 操作命令

微课 4-7
YUM 操作命令

（1）安装软件的 yum 命令

命令语法：yum install［-y］软件名称。

yum 命令常用选项及说明见表 4-7。

表 4-7　yum 命令常用选项及说明

选项	说　明
-y	在 YUM 操作过程中，所有问题都可默认回答 yes，以避免手动输入

示例：使用 yum install 命令安装 vsftpd 软件。

```
[root@localhost ~]# yum install -y vsftpd
```

使用 yum 命令安装软件时，不需要提前下载，也不用考虑软件的依赖关系，相比于 rpm 命令更加方便又快捷。

如果有已下载好的 RPM 包或者知道 RPM 包的 URL 路径，也可以使用 yum install 命令来安装，此时参数可以写成 RPM 包名。

示例：使用 yum install 命令和 RPM 包来安装 bzip2 软件。

```
# 由于已经安装了 bzip2 软件，操作前应使用 "rpm -evh bzip2" 先卸载
[root@localhost ~]# yum install -y /root/bzip2-1.0.6-26.el8.x86_64.rpm
```

（2）卸载软件的 yum 命令

命令语法：yum remove［–y］软件名称。

示例：使用 yum remove 命令删除 bzip2 软件。

```
[root@localhost ~]# yum remove -y bzip2
```

（3）更新软件的 yum 命令

命令语法：yum update［–y］软件名称。

示例：使用 yum update 命令更新 vsftpd 软件。

```
[root@localhost ~]# yum update -y vsftpd
```

操作要规范，小鹅有提醒

如果直接执行 yum update 命令（后面不加任何软件名称），则会更新所有软件，包括
Linux 系统内核。

（4）查询软件的 yum 命令

1）从所有的 YUM 仓库查询软件的软件包信息。

命令语法：yum list［软件名称］。

示例：使用 yum list 命令查询所有 YUM 仓库所提供的软件名称和版本。

```
[root@localhost ~]# yum list
```

示例：使用 yum list 命令查询 vsftpd 软件的软件包名称，以及是否已被安装。

```
[root@localhost ~]# yum list vsftpd
```

2）通过命令名称或文件名称查询其所在的安装包。

命令语法：yum provides 命令名称或者文件名称。

示例：使用 yum provides 命令查询 vsftpd 软件是由哪个安装包提供的。

```
[root@localhost ~]# yum provides vsftpd
# 省略其余内容……
vsftpd-3.0.3-34.el8.x86_64 : Very Secure Ftp Daemon
仓库          :AppStream
匹配来源:
提供     : vsftpd = 3.0.3-34.el8
```

3）查询软件的详细信息。

命令语法：yum info 软件名称。

示例：使用 yum info 命令查询 vsftpd 软件的信息。

```
[root@localhost ~]# yum info vsftpd
```

 有问必有答，小鹅小百科

对于软件管理，RHEL 8 提供了一个新的选择：DNF。DNF 友好地继承了原有的命令格式，且使用习惯上也与 YUM 保持一致，如安装软件时，可以使用 "dnf install" 命令来代替 "yum install" 命令。当然也可以继续使用 yum 命令，以便与以前的 RHEL 主版本保持一致，实际上在 RHEL8 中，yum 是 dnf 的别名。

项目实施

根据具体要求，将项目划分为 3 个任务。第 1 个任务是使用 yum 命令在线安装 ntfs-3g 软件，让 Linux 服务器识别和使用 NTFS 格式的移动硬盘；第 2 个任务是通过 RHEL 光盘来制作本地自用仓库，以提升软件的下载速度；第 3 个任务是使用 rpm 命令离线安装 iperf3 及其依赖软件。

任务 4.1   在线安装软件

微课 4-8
在线安装软件

如果直接把移动硬盘连接至 Linux 服务器，是无法正常挂载的，因为 Linux 不能识别 NTFS 文件系统。

```
[root@localhost ~]# lsblk -f
NAME      FSTYPE  LABEL    UUID                              MOUNTPOINT
Sda ├── sda1 xfs    e1e91886-ae6e-4ced-a108-a97e90f6acd2 /boot
# 省略其余内容……
sdd └── sdd1 ntfs   EXTERNAL_USB 2E924E4B924E17AB
[root@localhost ~]# mkdir /mnt/mpan
[root@localhost ~]# mount /dev/sdd1 /mnt/mpan
mount: 未知的文件系统类型 "ntfs"
```

要让 Linux 服务器可以正常使用 NTFS 格式的移动磁盘，则需要先安装 ntfs-3g 软件，具体的实现步骤如下。

步骤1   查询 ntfs-3g 软件的来源

通过 yum provides 命令查询 ntfs-3g 软件由哪个软件包提供，yum provides 命令后面可以添加软件名或者文件名，从查询结果可以得知，ntfs-3g 软件由 epel 软件仓库的 ntfs-3g 软件包提供，命令如下：

```
[root@localhost ~]# yum provides ntfs-3g
```

```
# 省略其余内容……
ntfs-3g-2:2022.10.3-1.el8.x86_64 : Linux NTFS userspace driver
仓库          :epel
匹配来源:
提供       : ntfs-3g = 2:2022.10.3-1.el8
```

步骤 2　安装 ntfs-3g 软件包

通过 yum install 命令来安装 ntfs-3g 软件包，在使用 yum install 安装软件时，总是会询问是否同意安装软件，加上 -y 选项即可简化安装过程。软件安装完成后，可通过 yum info 命令来查询 ntfs-3g 的详细信息，确认其是否被正确安装，具体命令如下。

```
[root@localhost ~]# yum install -y ntfs-3g
Updating Subscription Management repositories.
Unable to read consumer identity
上次元数据过期检查:0:30:19 前,执行于 2023 年 06 月 01 日 星期四 21 时 48 分 28 秒。
依赖关系解决。
=========================================================================
软件包            架构           版本                      仓库         大小
=========================================================================
安装 :
ntfs-3g          x86_64       2:2022.10.3-1.el8        epel        133 k
安装依赖关系 :
ntfs-3g-libs     x86_64       2:2022.10.3-1.el8        epel        187 k
=========================================================================
事务概要
=========================================================================
安装   2 软件包
总下载:320 k
安装大小:690 k
下载软件包:
(1/2): ntfs-3g-2022.10.3-1.el8.x86_64.rpm        451 KB/s | 133 KB    00:00
(2/2): ntfs-3g-libs-2022.10.3-1.el8.x86_64.rpm   517 KB/s | 187 KB    00:00
-------------------------------------------------------------------------
总计                                             880 kB/s | 320 kB 00:00
# 省略其余内容……
Installed products updated.
已安装 :
ntfs-3g-2:2022.10.3-1.el8.x86_64  ntfs-3g-libs-2:2022.10.3-1.el8.x86_64
完毕!
[root@localhost ~]# yum info ntfs-3g
名称      : ntfs-3g
时期      : 2
版本      : 2022.10.3
发布      : 1.el8
架构      : x86_64
大小      : 320 k
```

```
源          : ntfs-3g-2022.10.3-1.el8.src.rpm
仓库        : @System
来自仓库    : epel
概况        : Linux NTFS userspace driver
URL         : https://www.tuxera.com/company/open-source/
协议        : GPLv2+
描述        : NTFS-3G is a stable, open source, GPL licensed, POSIX, read/
write NTFS
# 省略其余内容……
```

步骤 3　挂载移动硬盘

使用 mount 命令手动挂载移动硬盘，之后通过 ls 命令查询其内容，可以看到里面包含的文件。至此，Linux 服务器已经可以正常识别和使用 NTFS 格式的移动硬盘了。具体过程如下所示：

```
[root@localhost ~]# lsblk -f
NAME           FSTYPE   LABEL       UUID                  MOUNTPOINT
# 省略其余内容……
sdd
└─sdd1         ntfs                 EXTERNAL_USB 2E924E4B924E17AB
[root@localhost ~]# mount /dev/sdd1 /mnt/mpan
[root@localhost ~]# cd /mnt/mpan
[root@localhost mpan]# ls
1 Year Standard Limited Warrant.pdf    $RECYCLE.BIN    System Volume
Information
```

任务 4.2　制作本地自用仓库

微课 4-9
配置本地
自用仓库

步骤 1　挂载 Linux 系统光盘

挂载光盘前，可先使用 lsblk 命令查询系统光盘的设备信息，接着创建挂载目录，然后通过修改 /etc/fstab 文件的方式进行永久挂载，命令如下：

```
          [root@localhost ~]# lsblk
NAME          MAJ:MIN   RM   SIZE   RO   TYPE   MOUNTPOINT
sr0           11:0      1    9.4G   0    rom
nvme0n1       259:0     0    20G    0    disk
└─nvme0n1p1   259:1     0    1G     0    part /boot
# 省略其余内容……
# 创建挂载目录
[root@localhost ~]# mkdir -p /mnt/myRepo
# 修改 /etc/fstab 文件的方式进行永久挂载
[root@localhost ~]# vim /etc/fstab
# 省略其余内容……
```

```
/dev/sr0  /mnt/myRepo   iso9660    ro,defaults    0 0
```
#重新挂载 /etc/fstab 里的所有文件系统
```
[root@localhost ~]# mount -a
```
#挂载后,查询挂载目录的内容
```
[root@localhost ~]# ll /mnt/myRepo/
```
总用量 48
```
dr-xr-xr-x. 4 root root  2048 7月   1 2022 AppStream
dr-xr-xr-x. 4 root root  2048 7月   1 2022 BaseOS
dr-xr-xr-x. 3 root root  2048 7月   1 2022 EFI
-r--r--r--. 1 root root  8154 7月   1 2022 EULA
-r--r--r--. 1 root root  1455 7月   1 2022 extra_files.json
```
#省略其余内容……

步骤 2　创建本地仓库 repo 文件

在 /etc/yum.repos.d/ 目录下，使用 vim 命令创建并编辑 redhat-Base.repo 文件，该文件名字可以任意命名，但必须以 .repo 作为扩展名。RHEL 系统光盘中的 AppStream、BaseOS 目录都是默认创建好的仓库，在 repo 文件中通过 baseurl 指向它们即可，具体操作如下：

```
[root@localhost ~]# cd /etc/yum.repos.d/
[root@localhost yum.repos.d]# vim redhat-Base.repo
[local-base]
baseurl=file:///mnt/myRepo/BaseOS
name=local-base
enable=1
gpgcheck=0
[local-appstream]
baseurl=file:///mnt/myRepo/AppStream
name=local-appstream
enable=1
gpgcheck=0
```

步骤 3　生成本地仓库缓存

若想使用本地仓库，则必须要生成本地仓库缓存。通过“dnf repolist”命令列出当前可以使用的仓库列表，通过“dnf list |wc –l”命令查询本地仓库中可以使用的软件数量，命令如下：

```
[root@localhost ~]# dnf makecache
```
#省略其余内容……
```
local-base              308 MB/s | 2.3 MB     00:00
local-appstream         356 MB/s | 6.8 MB     00:00
```
元数据缓存已建立。
```
[root@localhost ~]# dnf repolist
```
#省略其余内容……
仓库 id   *仓库名称*
```
local-appstream                 local-appstream
```

```
local-base                              local-base
[root@localhost ~]# dnf list |wc -l
6866
```

任务 4.3   离线安装软件

微课 4-10
离线安装软件

iperf3 软件由 iperf3-3.5-6.el8.x86_64.rpm 包提供。另外，iperf3 软件依赖 libsctp.so.1()(64bit) 文件，该文件由 lksctp-tools- 1.0.18-3.el8.x86_64.rpm 包提供。因此，需要先安装 lksctp-tools，再安装 iperf3 软件。

步骤 1   查找依赖的 RPM 包

iperf3 软件的依赖文件由 lksctp-tools 的 RPM 包提供，可通过 find 命令在挂载目录 /mnt/myRepo/ 查找该 RPM 包，此处找到两个跟 lksctp-tools 相关的 RPM 包，由于本项目的 Linux 服务器是基于 x86_64 平台的，所以选择第 2 个包，命令如下所示：

```
[root@localhost ~]# find /mnt/myRepo/ -iname 'lksctp-tools*'
/mnt/myRepo/BaseOS/Packages/lksctp-tools-1.0.18-3.el8.i686.rpm
/mnt/myRepo/BaseOS/Packages/lksctp-tools-1.0.18-3.el8.x86_64.rpm
[root@localhost ~]# uname -r
4.18.0-305.el8.x86_64
```

步骤 2   安装依赖文件

使用 rpm -ivh 命令来安装依赖文件，命令如下：

```
[root@localhost~]# cd /mnt/myRepo/BaseOS/Packages/
[root@localhost Packages]# rpm -ivh lksctp-tools-1.0.18-3.el8.x86_64.
rpm
警告:/mnt/myRepo/BaseOS/Packages/lksctp-tools-1.0.18-3.el8.x86_64.rpm:
头 V3 RSA/SHA256 Signature, 密钥 ID fd431d51: NOKEY
Verifying...                    ############################### [100%]
准备中 ...                       ############################### [100%]
正在升级 / 安装 ...
  1:lksctp-tools-1.0.18-3.el8    ############################### [100%]
```

步骤 3   查找 iperf3 软件的 RPM 包

安装好依赖文件后，就可以安装 iperf3 软件了，在挂载目录 /mnt/myRepo/ 查找 iperf3 软件的 RPM 包，命令如下：

```
[root@localhost ~]#find /mnt/myRepo/ -iname 'iperf3*'
/mnt/myRepo/AppStream/Packages/iperf3-3.5-6.el8.i686.rpm
/mnt/myRepo/AppStream/Packages/iperf3-3.5-6.el8.x86_64.rpm
```

步骤 4　安装 iperf3 软件

使用 rpm –ivh 命令安装 iperf3 软件，注意一定要选择基于 x86_64 硬件平台的 RPM 包，安装完成后，可以使用 rpm –q 命令确认是否安装成功，命令如下：

```
[root@localhost~]# cd /mnt/myRepo/AppStream/Packages/
[root@localhost Packages]# rpm -ivh iperf3-3.5-6.el8.x86_64.rpm
警告:/mnt/myRepo/AppStream/Packages/iperf3-3.5-6.el8.x86_64.rpm: 头 V3
RSA/SHA256 Signature, 密钥 ID fd431d51: NOKEY
Verifying...                      ############################### [100%]
准备中 ...                         ############################### [100%]
正在升级 / 安装 ...
   1:iperf3-3.5-6.el8             ############################### [100%]
[root@localhost Packages]# rpm -q iperf3
iperf3-3.5-6.el8.x86_64
```

项目总结

通过本项目，完成了本地自用仓库的搭建和 ntfs–3g、iperf3 软件的安装，掌握了如何配置 YUM 仓库，以及如何使用 yum、dnf、rpm 命令来安装软件包。通过本项目培养了学生善于思考和勤于实践的习惯，提升了创新思维。需要注意的是，在搭建 YUM 仓库时，为了保证软件的稳定性和安全性，一定要选择可靠的 YUM 仓库，如官方源、镜像源。另外，在 RHEL 8 中，可以使用 dnf 来代替 yum（yum 实际上是 dnf 的别名）。

课后练习

1. 选择题

课后练习答案
项目 4

（1）在 RHEL 中，使用（　　）命令来查询软件包。

    A. rpm –q　　　　　　　　　　　B. rpm –i

    C. rpm –e　　　　　　　　　　　D. rpm –u

（2）如果想查询 bzip2 软件的配置文件，则可以使用（　　）命令。

    A. rpm –qc bzip2　　　　　　　　B. rpm –qa bzip2

    C. rpm –qi bzip2　　　　　　　　D. rpm –qp bzip2

（3）YUM 的仓库配置文件都放在（　　）目录下。

    A. /etc/yum.repos.d/　　　　　　B. /etc/yum/

    C. /yum/repos/d/　　　　　　　　D. /yum/repos/d/

（4）（　　）命令可以查询某个文件或命令由哪个软件包提供。

    A. yum list　　　　　　　　　　　B. yum info

    C. yum provides　　　　　　　　　D. yum remove

（5）如果想查看配置的所有 yum 源，则可以使用的命令是（　　）。

A. yum install   B. yum remove

C. yum info   D. yum repolist

2. 填空题

（1）RHEL 8 默认的软件包管理工具是_____，所管理的软件包格式的扩展名为_____。

（2）RPM 软件包有两种安装方式，分别为_____和_____。

（3）_____命令可以列出系统中所有安装的软件包。

3. 简答题

（1）请简述 YUM 的工作原理。

（2）使用 yum 命令安装 httpd 服务，完成后查看其安装的目录和文件。

4. 实操题

随着业务的发展，项目经理小王发现本地自用仓库已经不能满足 Linux 服务器的软件安装需求，所以打算使用阿里源。阿里源是阿里云官方维护的软件仓库，提供了大量的软件包，使得开发者可以更加方便地进行软件开发和部署。小王对运维工程师提出了新的任务要求：

（1）在 YUM 配置文件里添加阿里源。

（2）使用 yum 命令通过阿里源在线安装 iperf3 软件。

请按要求完成上述任务。

项目 5
基于 Linux 实现
服务器网络通信

学习目标

知识目标

- 熟悉 Linux 网络配置文件
- 掌握 Linux 主机名的修改方法
- 掌握 nmcli 命令的使用方法
- 掌握 nmtui 命令的使用方法
- 掌握常用网络管理命令的使用方法

能力目标

- 能够在 Linux 操作系统中通过不同的方式配置网络
- 能够确保 Linux 操作系统中网络的安全

素养目标

- 通过对网络管理工具的学习和使用，引导学生加强网络安全意识，为建设网络强国夯实基础
- 通过在校园部署网络服务器的案例，培养学生的共建共享意识，以开放包容、合作共赢推动建设命运共同体

项目描述

思维导图
项目 5

　　某校园计划部署一台 Linux 主机，并把它连接至 Internet，作为一台网络服务器对外提供各种服务，要求保证其网络安全性。当前，网络安全的重要性不言而喻，我国明确提出要建设网络强国，其中网络安全是基础。网络安全已经不仅仅是网络本身的安全，更是国家安全、社会安全、基础设施安全、城市安全、人身安全等更广泛意义上的安全。没有网络安全就没有国家安全，经济社会就无法稳定运行，广大人民群众的利益也难以得到保障。

　　请根据以下要求完成项目中相应的网络配置和安全测试：

　　（1）修改 Linux 服务器的主机名为：campus-server。

　　（2）根据具体的网络规划，配置服务器网络。

　　（3）通过下载命令，将 Apache 超文本传输协议（HTTP）服务器的 RPM 包下载到本地服务器，以待安装。

　　（4）通过 ping、ip、ss 等网络命令，测试服务器与网络的通信，监测网络状态，以确保网络的安全。

知识学习

1.　Linux 主机名

基于 Linux 实现
服务器网络通信

PPT

　　通过 IP 地址可以唯一标识网络上的主机，IP 地址采用 32 位二进制数来表示。为了方便记忆，可使用熟悉的英文字符串作为主机名，并使之与主机的 IP 地址相对应，这样通过主机名就能访问到相应的主机。

　　RHEL 8 使用配置文件 /etc/hostname 来保存主机名，可以把需要设置的主机名写入到 /etc/hostname 文件，重启系统后通过 hostname 命令来查看主机名。

教学设计
基于 Linux 实现
服务器网络通信

　　如下所示：

```
[root@localhost ~]# echo 'cn.hbsi.rhelServer01' >/etc/
hostname
[root@cn ~]# hostname
```

微课 5-1
Linux 主机名

操作要规范，小鹅有提醒

　　修改 hostname 后，必须重启系统才可以生效。

还可以使用 hostnamectl 命令来设置主机名，该命令执行后会自动将 /etc/hostname 文件中旧的主机名修改为新的主机名。

命令语法：hostnamectl set-hostname 主机名。

示例：使用 hostnamectl 命令把主机名修改为 cn.hbsi.rhelServer01。

```
[root@localhost ~]# hostnamectl set-hostname cn.hbsi.rhelServer01
[root@localhost ~]#bash
```

使用 hostnamectl 命令修改主机名会立即生效，这种方式比直接修改配置文件更方便。

2.　网络配置文件

RHEL 8 中跟网络相关的配置文件都存放在 /etc/sysconfig/network-scripts 目录下，使用 VMware Workstation 虚拟机安装 RHEL 8 后，该目录里会自动生成网卡配置文件 ifcfg-ens160。其中 "en" 是 ethernet 的缩写，表示该网卡是以太网卡，"s" 表示该网卡为热插拔插槽上的设备（hot-plug slot），数字 "160" 表示插槽的索引编号（hot_plug_slot_index_number）。

微课 5-2
网络配置文件

网络配置文件中的主要参数及说明见表 5-1。

表 5-1　网络配置文件中的主要参数及说明

参数名	说　　明
BOOTPROTO	值为 dhcp 时，表示采用 DHCP 协议动态生成 IP 地址；值设置为 static 或者 none 时，表示需要手动配置 IP 地址
IPADDR	用来指定配置的 IP 地址，采用点分十进制的形式
NETMASK	指定子网掩码
PREIFX	指定网络前缀，即子网掩码中网络位 1 的个数
GATEWAY	设置网关
DNSn	指定 DNS 服务器，n 为数字，可指定多个服务器。例如，DNS1 用来指定第 1 台 DNS 服务器，DNS2 指定第 2 台 DNS 服务器，以此类推
DEVICE	网卡的名字
ONBOOT	表示是否启用，值为 yes 时，表示启用该网卡连接；值为 no 时，表示禁用该网卡连接

可以通过网络配置文件来给服务器设置静态 IP 地址。在配置静态 IP 之前，需要先规划主机的网络配置参数，包括 IP 地址、子网掩码、网关和 DNS 等。网络配置规划如下：

IP 地址：192.168.100.129

子网掩码：255.255.255.0

网关：192.168.100.2

DNS1：114.114.114.114

因为本项目是在虚拟机上安装的 Linux 系统，为了方便配置网络参数，需要打开"虚拟机设置"对话框，选中"网络适配器"选项，将网络连接更改为 NAT 模式，如图 5-1 所示。

微课 5-3
重难点透析：配置虚拟机网段地址

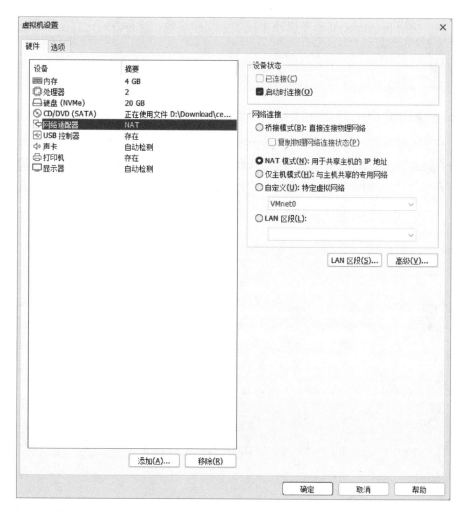

图 5-1　"虚拟机设置"对话框

还要在虚拟网络编辑器中设置规划的网段地址。在 VMware Workstation 软件中，单击"编辑菜单"按钮，打开"虚拟网络编辑器"对话框，选择"VMnet8"选项，单击右下角的"更改设置"按钮，如图 5-2 所示。

此时会重新初始化虚拟网络编辑器，再次选中"VMnet8"选项，会发现下方的子网 IP 地址和子网掩码两个文本框处于可编辑状态，输入规划好的 IP 地址和子网掩码，单击"确定"按钮，如图 5-3 所示。

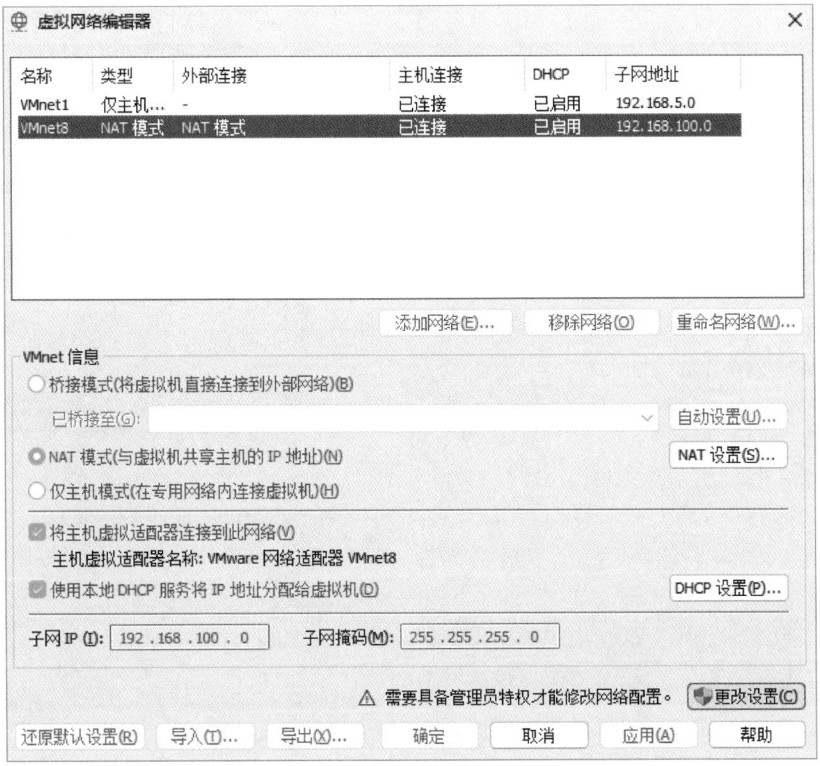

图 5-2 “虚拟网络编辑器”对话框

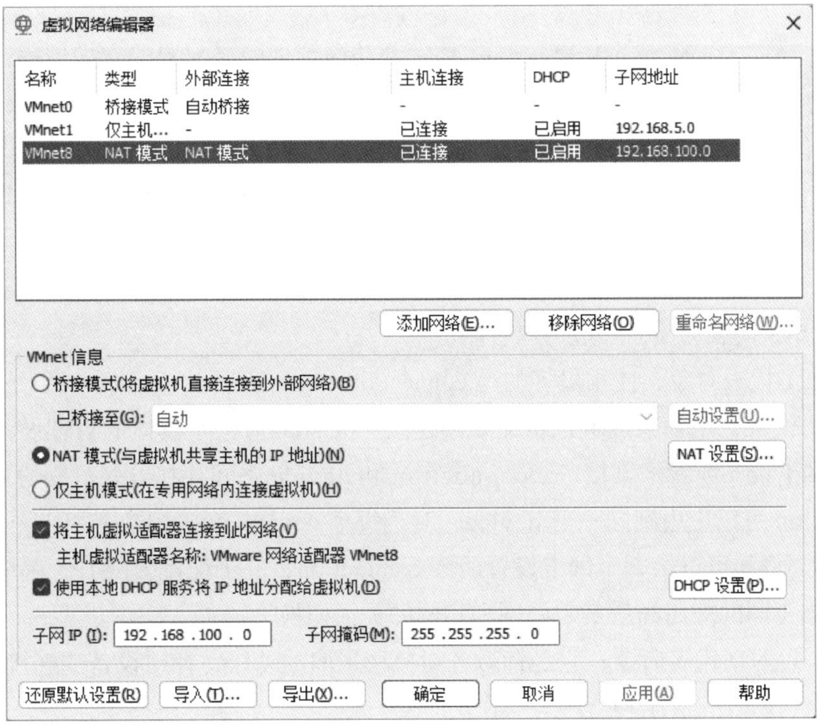

图 5-3 输入 IP 网段和子网掩码

设置好虚拟机后，返回至 Linux 服务器，通过 Vim 编辑器打开网络配置文件，如下所示：

```
[root@localhost ~]# vim /etc/sysconfig/network-scripts/ifcfg-ens160
```

修改网络配置文件相关参数：

```
BOOTPROTO=static
IPADDR=192.168.100.129
NETMASK=255.255.255.0
GATEWAY=192.168.100.2
DNS1=114.114.114.114
NAME=ens160
DEVICE=ens160
ONBOOT=yes
```

操作要规范，小鹅有提醒

重启 Linux 服务器后网络配置才会生效。

3. nmcli 命令

微课 5–4
nmcli 命令

Network Manager 是一种动态管理网络配置的守护进程，能够让网络设备保持连接状态，RHEL 8 系统默认使用 Network Manager 来管理网络服务。而 nmcli 是一款基于命令行的网络配置工具，用来管理 Network Manager，其功能丰富、参数众多，使用 nmcli 命令可以方便地查看和维护网络服务。

命令语法：nmcli〔OPTIONS〕OBJECT｛COMMAND｜help｝。

OPTIONS 代表选项，一般可以省略。

OBJECT 代表对象，使用最多的是 connection 和 device，connection 对象是网络连接，偏重于逻辑设置，是基于网卡设备建立的连接；device 对象是具体的物理设备，可以把它想象为网卡设备或者网络接口。connection 和 device 之间存在着多对一的关系，即多个 connection 可以应用到同一个 device。对于每个 device 来说，同一时间只能激活一个 connection。例如可以给一个网卡设置两个 connection，一个配置公网 IP，另一个配置私网 IP，根据不同的应用场景实现公网和私网的灵活切换。

COMMAND 代表命令，它是针对各对象所采取的动作，如对设备或连接进行显示、添加、删除、修改、启用和禁用等操作。

示例：通过 nmcli 命令来管理网络。

```
# 查看 nmcli 命令的帮助
[root@localhost ~]# nmcli connection help
[root@localhost ~]# nmcli connection modify help
[root@localhost ~]# nmcli connection add help
# 显示设备和连接的状态
[root@localhost ~]# nmcli device status
# 设置为 auto,IP 地址获取方式为手动,须配置静态 IP 地址
[root@localhost ~]# nmcli connection modify ens160 ipv4.method auto
# 设置为 manual,IP 地址获取方式为自动,会自动分配 IP 地址
[root@localhost ~]# nmcli connection modify ens160 ipv4.method manual
# 配置网络连接的 IP 地址、子网掩码
[root@localhost ~]# nmcli connection modify ens160 ipv4.addresses 192.168.
100.129/24
# 配置网络连接的网关
[root@localhost ~]# nmcli connection modify ens160 ipv4.gateway 192.168.
100.2
# 配置网络连接的 DNS
[root@localhost ~]# nmcli connection modify ens160 ipv4.DNS 114.114.
114.114
# 修改网络配置后,重新加载配置文件并激活网络
[root@localhost ~]# nmcli connection reload ens160
[root@localhost ~]# nmcli connection up ens160
```

有问必有答，小鹅小百科

　　子网掩码可以通过网络前缀来表示，将这种表示方法称为斜线记法，即在 IP 地址后面加上斜线 "/"，斜线后面是子网掩码中网络位所占的位数。例如，IP 地址 192.168.100.129，其子网掩码为 255.255.255.0，可以使用斜线记法表示为 192.168.100.129/24。

4. nmtui 命令

　　nmtui 是 RHEL 提供的一款图形化网络管理器，通过 nmtui，可以更加直观、方便地进行网络配置。通过输入 nmtui 命令，即可打开图形化的配置界面，如图 5-4 所示。

　　可以通过 nmtui 来编辑连接、启用连接，也可以用来设置系统主机名。选择"编辑连接"选项，按下 Enter 键，可进入编辑连接界面，如图 5-5 所示。

　　左侧显示已存在的网络连接，右侧显示操作菜单，可以添加、编辑、删除网络连接。

图 5-4　nmtui 命令界面

微课 5-5
nmtui 命令

　　编辑网络连接的方法：通过按 Tab 键或者方向键选择编辑菜单，打开 ens160 连接的编辑界面，如图 5-6 所示。

图 5-5　编辑连接界面

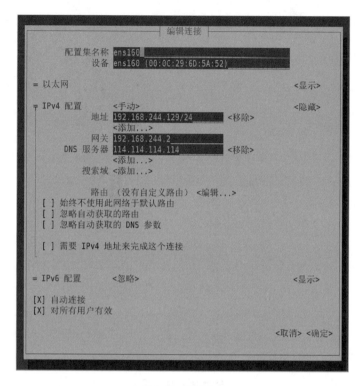

图 5-6　编辑界面

　　可以在该界面修改连接名称、IP 地址、网关、DNS 服务器等，修改完成后，选择"确定"选项，修改即可生效。

5.　常用的网络命令和工具

微课 5-6
常用的网络命
令和工具

（1）网络连通测试命令 ping

　　ping 命令用于检测网络的连通性，它向特定的目的主机发送 ICMP（Internet Control Message Protocol，因特网报文控制协议）Echo 请求报文，测试目的主机是否可达。

　　命令语法：ping［-c］［-i］域名 /IP 地址。

ping 命令常用选项及说明见表 5-2。

表 5-2　ping 命令常用选项及说明

选项	说　　明
-c	count，用来指定发送请求报文的次数，如果不指定，则会一直发送
-i	interval，间隔的秒数，指定收发信息的间隔时间

示例：使用 ping 命令测试本地主机到百度服务器的连通性，指定请求次数为 5。

```
[root@localhost ~]# ping -c5 www.baidu.com
```

示例：测试本地主机到网易服务器的连通性，指定时间间隔为 2 s，请求次数为 3。

```
[root@localhost ~]# ping -i2 -c3 www.163.com
```

（2）网络管理命令 ip

ip 命令是由 iproute2 工具包提供的一个强大的工具，它可以查看和管理网络接口、IP 地址、路由和 ARP 表。使用 ip 命令，可以很轻松地执行多个网络管理任务。

命令语法：ip［OPTIONS］OBJECT｛COMMAND | help｝。

常用的 OBJECT 有 link、address、route、neigh，它们分别代表网络连接、网络地址、网络路由和网络邻居。

COMMAND 是针对每一个 OBJECT 所采取的动作，常用的有 show、add、delete、set 等，分别代表查看、添加、删除、设置。

示例：查看当前主机 ens160 网卡的 IP 地址、统计数据。

```
#a 为 address 的简写，完整命令为 "ip address show ens160"
[root@localhost ~]# ip a show ens160
# 查看网卡 ens160 统计数据
[root@localhost ~]# ip -s link show ens160
```

示例：查看当前主机的路由信息、网络邻居。

```
# 查看当前主机的路由信息
[root@localhost ~]# ip route
# 查看当前主机的网络邻居
[root@localhost ~]# ip neigh
```

（3）网络监控命令 ss

ss（Socket Statistics）用来显示处于活动状态的套接字信息，能够显示更多、更详细的有关 TCP 和连接状态的信息，是一个非常实用、快速、有效的跟踪 IP 地址连接和套接字的工具。

命令语法：ss 选项。

ss 命令常用选项及说明见表 5-3。

表 5-3　ss 命令常用选项及说明

选项	说　　明
-l	显示正在监听的套接字
-a	all，显示所有套接字
-t	只显示 TCP 套接字

续表

选项	说　明
–u	只显示 UDP 套接字
–n	只显示 IP 地址，不显示服务器的名字
–s	显示套接字使用概况
–p	显示使用套接字的进程

示例：显示所有使用 TCP 和 UDP、状态为正在监听的套接字的信息。

```
[root@localhost ~]# ss -tulnp
```

（4）网络下载命令 wget

wget 是 Linux 系统中一个下载文件的工具，它支持 HTTP、HTTPS 和 FTP，还可以使用 HTTP 代理。在用户退出系统后，仍然可以在后台继续执行，是 Linux 用户必不可少的下载工具。

命令语法：wget　选项　URL 地址。

wget 命令常用选项及说明见表 5-4。

表 5-4　wget 命令常用选项及说明

选项	说　明
–b	后台下载模式
–P	下载到指定目录
–O	下载文件重命名
–r	递归下载

示例：使用 wget 命令下载 wordpress，将进程放到后台执行，并把下载文件命名为 wp。

```
[root@localhost ~]# wget -b -O wp http://cn.wordpress.org/wordpress-
4.9.4-zh_CN.tar.gz
```

项目实施

根据项目要求，需要部署一台 Linux 主机，并把它连接至 Internet，作为一台网络服务器对外提供服务，可通过 3 个任务来完成其网络配置，并保障其网络安全：配置服务器网络、测试文件下载、分析和维护网络。具体实现过程如下。

任务 5.1　配置服务器网络

根据项目要求，将 Linux 服务器的主机名命名为：campus-server，网络规划配置见表 5-5。

表 5-5　网络规划配置

配置参数	配置值
IP 地址	192.168.100.3
子网掩码	255.255.255.0
网关	192.168.100.2
DNS	114.114.114.114

根据规划好的主机名和网络参数，按照以下步骤进行配置。

微课 5-7
配置服务器网络

步骤 1　修改主机名

使用 hostnamectl 命令来修改主机名，修改后立即生效，通过 hostname 命令来确认新的主机名，命令如下：

```
[root@localhost ~]# hostnamectl set-hostname campus-server
[root@localhost ~]# hostname
campus-server
```

步骤 2　配置各网络参数

使用 nmcli 命令来配置各网络参数，包括：IP 地址、子网掩码、网关、IP 地址获取方式、DNS，命令如下：

```
# 配置服务器的 IP 地址、子网掩码
[root@localhost ~]# nmcli connection modify ens160 ipv4.addresses 192.168.
100.3/24
# 配置服务器的网关
[root@localhost ~]# nmcli connection modify ens160 ipv4.gateway 192.168.
100.2
# 修改服务器的 IP 地址获取方式为手动
[root@localhost ~]# nmcli connection modify ens160 ipv4.method manual
# 配置服务器的 DNS
[root@localhost ~]# nmcli connection modify ens160 +ipv4.dns 114.114.
114.114
```

有问必有答，小鹅小百科

操作熟练以后，可以把上面几个命令合并写成一条命令。

```
[root@localhost ~]# nmcli connection modify ens160 ipv4.method manual
ipv4.addresses 192.168.100.3/24
   ipv4.gateway 192.168.100.2 ipv4.dns 114.114.114.114
```

步骤 3　重新启动网络连接

若要让网络配置生效，则需要使用 nmcli connection reload 和 nmcli connection up 命令重启网络连接，这种方式只会影响指定的连接，不会中断整个网络，命令如下：

```
[root@localhost ~]# nmcli connection reload ens160
[root@localhost ~]# nmcli connection up ens160
连接成功激活(D-Bu活动路径:/org/freedesktop/NetworkManager/ActiveConnection/2)
[root@localhost ~]# nmcli connection show --active
NAME     UUID                                    TYPE       DEVICE
ens160   38710867-b4b3-4805-b694-08ab32c6bd51    ethernet   ens160
[root@localhost ~]# nmcli connection show ens160
connection.id:                         ens160
# 省略其余内容……
ipv4.method:                           manual
ipv4.dns:                              192.168.100.2
ipv4.addresses:                        192.168.100.3/24
ipv4.gateway:                          192.168.100.2
# 省略其余内容……
IP4.ADDRESS[1]:                        192.168.100.3/24
IP4.GATEWAY:                           192.168.100.2
IP4.DNS[1]:                            114.114.114.114
```

任务 5.2　测试文件下载

微课 5-8
测试文件下载

　　　　　　在 RHEL 8 中常用的下载软件有 curl 和 wget，wget 比 curl 具有更强的下载功能，下面根据项目要求，使用 wget 命令把 Apache 超文本传输协议（HTTP）服务的 RPM 包下载到本地服务器，以待安装。

步骤 1　安装 wget 软件

RHEL 没有默认安装 wget 软件，需要使用 yum install 命令在线安装 wget 软件，命令如下：

```
[root@localhost ~]# rpm -q wget
未安装软件包 wget
[root@localhost ~]# yum install -y wget
# 省略其余内容……
已安装：
  wget-1.19.5-10.el8.x86_64
完毕！
```

步骤 2　使用 wget 下载软件

通过 Apache 官方网站找到 HTTP 服务的 RPM 包下载地址，在 wget 命令后面直接加上该地址即可正常下载。默认是下载到当前目录，可以使用 "ls ." 命令来查看下载的文件，命令如下：

```
[root@localhost ~]# wget https://downloads.apache.org/httpd/httpd-2.4.57.
tar.bz2
--2023-06-05 21:11:51-- https://downloads.apache.org/httpd/httpd-2.4.57.
tar.bz2
正在解析主机 downloads.apache.org (downloads.apache.org)... 135.
181.214.104, 88.99.95.219, 2a01:4f8:10a:201a::2, ...
正在连接 downloads.apache.org (downloads.apache.org)|135.181.
214.104|:443... 已连接
已发出 HTTP 请求,正在等待回应 ... 200 OK
长度:7457022 (7.1M) [application/x-bzip2]
正在保存至 : "httpd-2.4.57.tar.bz2"
httpd-2.4.57.tar.bz2  100%[=====================>]  7.11M  474KB/s 用时 9.1s
2023-06-05 21:12:01 (803 KB/s) - 已保存 "httpd-2.4.57.tar.bz2" [7457022/
7457022])
[root@localhost ~]# ls .
anaconda-ks.cfg  httpd-2.4.57.tar.bz2  wget-log
```

为了不影响用户进行其他操作，可以增加 "-b" 选项把下载过程放在后台。此外，使用 "-O" 选项可以把下载的文件放到指定目录，并对其重命名，命令如下：

```
[root@localhost ~]# wget -b -O /tmp/httpd.tar.bz2 \
> https://downloads.apache.org/httpd/httpd-2.4.57.tar.bz2
继续在后台运行,pid 为 1661。
将把输出写入至 "wget-log.2"
[root@localhost ~]# ls /tmp
httpd.tar.bz2                                            vmware-
root_966-2999001944  vmware-root_978-2957649101
# 省略其余内容……
```

任务 5.3　分析和维护网络

服务器的网络安全性至关重要，可通过下面的步骤来测试服务器与网络的通信，监测网络状态，确保网络的安全。

步骤 1　查看服务器的 IP 地址

通过使用 ip address show 命令可查看服务器的 IP 地址，以确保 IP 地址正确配置。为了方便，可以把命令简写成 "ip a"，该命令会显示服

微课 5-9
分析和维护网络

务器所有网络连接的 IP 地址，这里显示 2 个地址，第 1 个是本地环回地址，第 2 个是网卡 ens160 配置的 IP 地址，命令如下：

```
[root@localhost ~]# ip a
 1: lo: <LOOPBACK,UP,LOWER_UP> mtu 65536 qdisc noqueue state UNKNOWN group
default qlen 1000
        link/loopback 00:00:00:00:00:00 brd 00:00:00:00:00:00
        inet 127.0.0.1/8 scope host lo
           valid_lft forever preferred_lft forever
        inet6 ::1/128 scope host
           valid_lft forever preferred_lft forever
 2: ens160: <BROADCAST,MULTICAST,UP,LOWER_UP> mtu 1500 qdisc mq state UP
group default qlen 1000
        link/ether 00:0c:29:6d:5a:52 brd ff:ff:ff:ff:ff:ff
        inet 192.168.100.3/24 brd 192.168.100.255 scope global noprefixroute
ens160
           valid_lft forever preferred_lft forever
        inet6 fe80::20c:29ff:fe6d:5a52/64 scope link
           valid_lft forever preferred_lft forever
```

步骤 2　统计网卡数据流量

通过使用 ip –s link show 命令可统计服务器网卡的数据流量，如查看网络接收和发送的数据量、数据包的个数、错误和丢弃的数据包数量等，可对服务器的网络状态具有基本的了解，命令如下：

```
[root@localhost ~]# ip -s link show ens160
 2: ens160: <BROADCAST,MULTICAST,UP,LOWER_UP> mtu 1500 qdisc mq state UP
mode DEFAULT group default qlen 1000
        link/ether 00:0c:29:6d:5a:52 brd ff:ff:ff:ff:ff:ff
        RX: bytes  packets  errors  dropped overrun mcast
        23393833   16414    0       0       0       0
        TX: bytes  packets  errors  dropped carrier collsns
        350565     5468     0       0       0       0
```

步骤 3　测试与网络的连通性

通过使用 ping 命令进行测试，指定连接服务器为 aliyun.com，请求次数为 5，通过执行结果中的 time 值、丢包率、接收值等参数，可以判断出本地服务器与网络上的服务器之间的连通情况，命令如下：

```
[root@localhost ~]# ping -c5 aliyun.com
PING aliyun.com (140.205.135.3) 56(84) bytes of data.
64 bytes from 140.205.135.3 (140.205.135.3): icmp_seq=1 ttl=128 time=29.7 ms
64 bytes from 140.205.135.3 (140.205.135.3): icmp_seq=2 ttl=128 time=29.3 ms
64 bytes from 140.205.135.3 (140.205.135.3): icmp_seq=3 ttl=128 time=29.6 ms
64 bytes from 140.205.135.3 (140.205.135.3): icmp_seq=4 ttl=128 time=30.0 ms
64 bytes from 140.205.135.3 (140.205.135.3): icmp_seq=5 ttl=128 time=29.3 ms
--- aliyun.com ping statistics ---
5 packets transmitted, 5 received, 0% packet loss, time 4006ms
rtt min/avg/max/mdev = 29.256/29.589/30.045/0.300 ms
```

步骤 4　监视各网络端口

通过使用 ss 命令可查看网络状态，监视各网络端口，如果看到有可疑端口被使用（如 Telnet 所使用的 23 号端口），则可以进一步确认网络安全性，消除网络安全隐患，如在服务器端强制关闭非法 Telnet 连接、关闭 Telnet 服务等，命令如下：

```
[root@localhost ~]# ss -tunlp
  Netid    State    Recv-Q    Send-Q    Local Address:Port    Peer Address:Port
Process udp
  UNCONN   0        0             127.0.0.1:323                 0.0.0.0:*users:
(("chronyd",pid=984,fd=6))
# 省略其余内容……
tcp    LISTEN   0        128         0.0.0.0:22                 0.0.0.0:*
users:(("sshd",pid=1039,fd=4))
tcp    LISTEN   0        128         *:23                       *:*
users:(("systemd",pid=1,fd=24))
# 通过 w 命令查找登录到服务器的所有用户,找到可疑用户 anonymous
[root@localhost ~]# w
 23:20:53 up  2:13,  2 users,  load average: 0.00, 0.00, 0.00
USER      TTY    FROM              LOGIN@   IDLE    JCPU    PCPU    WHAT
root      pts/0  192.168.100.1     21:07     0.00s  0.08s   0.00s    w
anonymou  pts/1  192.168.100.128   22:49    31:24   0.00s   0.00s   -bash
# 通过 pkill 命令强制 anonymous 用户退出,关闭 Telnet 连接
[root@localhost ~]# pkill -t pts/1
# 关闭不可靠的 Telnet 服务,减少安全隐患
[root@localhost ~]# systemctl stop telnet.socket
```

项目总结

通过本项目，完成了 Linux 服务器的网络配置、文件下载以及网络性能分析和检测，掌握了 nmcli 命令和常用的网络工具的用法，保证了网络的可用性并提升了网络的安全性。通过本项目可提高读者的网络安全的意识，并培养了共建共享的观念。需要注意的是，在 RHEL 8 中配置网络时，应避免直接修改网络配置文件，推荐使用 nmcli 或 nmtui 命令。

课后练习

1. 选择题

（1）在 RHEL 中，如果想要连接网络，则需要设置 ONBOOT 选项的方法是（　　　）

课后练习答案
项目 5

　　A. ONBOOT=no　　　　　　　　B. ONBOOT=auto

　　C. ONBOOT=default　　　　　　D. ONBOOT=yes

（2）在网络配置文件里，选项 BOOTPROTO 设置为（　　　），Linux 主机会自动获

取 IP 地址。

    A. dhcp   B. static   C. none   D. default

（3）在 RHEL 中，网络配置文件存放在的目录是（   ）。

    A. /etc/sysconfig/network-scripts/   B. /etc/netwok/

    C. /network/   D. /etc/network/d/

（4）可以增加网络连接的命令为（   ）。

    A. nmcli conn modify   B. nmcli conn delete

    C. nmcli conn add   D. nmcli conn delete

（5）如果想测试本地服务器的网络连通性，则可以使用（   ）命令。

    A. ip a   B. ping   C. traceroute   D. tracepath

2. 填空题

（1）如果想要临时修改主机的名称，则可使用命令_____；如果想要永久修改主机名称，则可使用命令_____。

（2）修改网络配置后，重新加载配置文件并激活网络的命令分别为_____和_____。

（3）通过使用_____命令可以使用图形化来管理网络。

3. 简答题

（1）为什么用户一般都会为 Linux 主机配置主机名称？

（2）如何使用 nmtui 命令来永久修改主机名？

4. 实操题

为了保证服务器的安全，公司计划新增一台 Linux 主机作为备用服务器，作为公司新来的运维工程师，更喜欢使用图形化工具 nmtui 进行网络管理，请尝试使用 nmtui 来配置备用服务器的网络。网络配置规划的各配置参数和配置值见表 5-6。

表 5-6　网络配置规划

配置参数	配置值
IP 地址	192.168.100.4
子网掩码	255.255.255.0
网关	192.168.100.2
DNS	192.168.100.2
主机名	campus-server-backup

项目**6**
基于 Linux 实现
OA 批处理及自动化

 学习目标

知识目标

- 了解 Shell 变量的种类和作用
- 了解运算符的种类和作用
- 理解数组的使用方法
- 理解选择结构和循环结构的定义
- 掌握 Shell 脚本中函数的定义和使用方法

能力目标

- 能够使用 Vim 编辑器创建 Shell 脚本
- 能够使用变量、运算符、选择结构、循环结构或函数编写 Shell 脚本
- 能够执行 Shell 脚本

素养目标

- 通过数字化平台的快速部署,培养学生利用技术提升工作效率的创新思维
- 通过鼓励大学生服务乡村,增强学生的社会责任担当
- 通过大学生回乡创业的项目场景,培养学生利用自身技能为乡村振兴贡献力量的使命担当

项目描述

思维导图
项目 6

小高是从太行山区走出来的大学生创业者，立志为家乡发展贡献力量。近年来，在家乡全面推进乡村振兴的背景下，小高的企业中标了某乡村数字化平台项目。

小高的企业需要选派多名工作人员驻村进行平台的部署和运维管理，公司里多名从农村走出来的大学毕业生积极响应。数字化平台采用了安全系数较高的 Linux 服务器，为了便于工作人员快速部署和管理，请按以下要求编写 Shell 脚本：

（1）编写 Shell 脚本，为各个乡村数字化平台部署及运维人员批量创建组和用户，并将相应的用户加入部署组和运维组。部署组 gDeployment 包含用户 u1、u2、u3、u4、u5，运维组 gMaintenance 包含用户 u6、u7、u8、u9、u10。

（2）为用户批量创建工作目录"/home/ 用户名 /data"。

（3）创建一键安装软件包脚本，便于部署人员快速部署系统。创建 Apache 和 MySQL 的安装脚本。

（4）编写自动文件归档脚本，便于工作人员快速备份。编写使用 tar 命令对 data 目录进行备份。

（5）给所有用户批量下发工作文件。下发任务 3 和任务 4 所创建的脚本以及说明文档 readme.md。

知识学习

1. Shell 脚本简介

Shell 不仅是一个命令行解释器，还是一个功能相当强大的编程语言。利用 Shell 语法与命令，搭配正则表达式、管道操作与数据流重定向等，编写的纯文本脚本程序就是

基于 Linux 实现
OA 批处理及自
动化

PPT

Shell 脚本（Shell Script）。系统管理员可以利用 Shell 脚本编程降低网络管理难度，提高系统管理效率。

（1）Shell 脚本的编写

首先创建并进入 ShellScript 目录，使用 Vim 编辑器创建一个 HelloWorld.sh 脚本文件，并按 I 键进入编辑模式，输入下述代码。然后按 Esc 键，切换到命令行模式，输入":wq"保存并退出。

教学设计
基于 Linux 实现
OA 批处理及自
动化

```
[root@localhost ~] # mkdir shellscript; cd shellscript/
[root@localhost ~] # vim Hello World.sh
#!/bin/bash
# This is a first demo, echo hello world.
```

```
echo -e "Hello World !"
```

该 Shell 脚本由 3 部分构成：第 1 行以"#！"开头，用于告诉系统执行此脚本时所使用的解释器为 /bin/bash（此行不能省略）；第 2 行为注释行，以"#"开头，通常用于标注程序的功能等，编写程序时，添加适当的程序注释是良好的编程习惯；第 3 行为主程序部分，内容为使用 echo 命令输出"Hello World！"。

微课 6–1
Shell 脚本简介

（2）Shell 脚本运行

编写完 HelloWorld.sh 文件后，在工作目录下，可以通过以下 4 种命令运行此脚本。

```
[root@localhost ~] # chmod a+x Hello World.sh
[root@localhost ~] # sh Hello World.sh
Hello World!

[root@localhost ~] # ./Hello World.sh
Hello World!

[root@localhost ~] # source Hello World.sh
Hello World!

[root@localhost ~] # . Hello World.sh
Hello World!
```

万事有诀窍，小鹅来支招

前两种 Shell 脚本的运行方式都是在当前 Shell 中打开一个子 Shell 来执行脚本内容，当脚本内容运行结束，子 Shell 关闭，回到父 Shell 中；后两种 Shell 脚本的运行方式可以使脚本内容在当前 Shell 里执行，而无须打开子 Shell。

2. Shell 变量

（1）Shell 变量的定义

Shell 脚本通常不需要在使用变量前声明其类型，直接赋值即可，格式如下：

微课 6–2
Shell 变量

变量名 = 变量值

Shell 变量定义需要遵循如下规则：

1）变量名称可以由字母、数字和下划线组成，但是不能以数字开头，且不能使用

Shell 里的关键字。

2）等号前后不能有空格。

3）在 bash 中，变量默认类型都是字符串类型，无法直接进行数值运算。

4）变量的值如果有空格，则需要使用双引号或单引号括起来。

（2）Shell 变量的使用

若要使用一个定义过的变量，只要在变量名前加 $ 符号即可。变量名外面的大括号 {} 是可选的，是为了帮助解释器识别变量的边界。

```
$ 变量名
${ 变量名 }
```

示例：定义变量 a，并打印变量的值（在变量名前加 $ 符号，表示获取变量的值）。

```
[root@localhost ~] # a=100
[root@localhost ~] # echo $a
100
[root@localhost ~] # a=1+2
[root@localhost ~] # echo $a
1+2
```

定义变量时，若变量的值是字符串类型，以单引号包围变量的值时，单引号里面是什么就输出什么，即使内容中有变量和命令，也会把它们原样输出，这种方式比较适合显示纯字符串的情况，即不希望解析变量、命令等的场景。以双引号包围变量的值时，输出时会先解析里面的变量和命令，而不是把双引号中的变量名和命令原样输出，这种方式比较适合字符串中附带有变量和命令并且想将其解析后再输出的场景。

```
[root@localhost ~]# url="http://www.szxc.net"
[root@localhost ~]# website1=' 欢迎来到我的家乡:${url}'
[root@localhost ~] # echo $website1
欢迎来到我的家乡:${url}
[root@localhost ~]# website2=" 欢迎来到我的家乡:${url}"
[root@localhost ~]# echo $website2
欢迎来到我的家乡:http://www.szxc.net
```

（3）Shell 变量输入与输出

read 是 Shell 内置命令，用来从标准输入中读取数据并赋值给变量。

命令语法：read [–options] [variables]。

options 表示选项，variables 表示用来存储数据的变量，可以有一个，也可以有多个。options 和 variables 都是可选的，如果没有提供变量名，那么读取的数据将存放到环境变量 REPLY 中。

read 命令常用选项及说明见表 6–1。

表 6-1　read 命令常用选项及说明

选项	说　　明
–a	把获取的数据赋给数组，数组下标从 0 开始
–d char	设置一个截止字符 char，直到读取到 char 为止（不包括 char），不会因换行和空格而终止
–n num	设置读取字符数 num，在读取 num 个字符后返回，如果中途遇到回车或换行则立即停止
–p	在读取的时候打印指定字符串
–t time	设置一个截止时间 time，time 以秒为单位（超时不会获取任何字符）

echo 是 Shell 内置命令，用来在终端输出字符串，并默认在最后加上换行符。

```
[root@localhost ~]# read -p "输入用户名" name
输入用户名 zhang san
[root@localhost ~]# echo $name
zhang san
```

（4）Shell 变量类型

Shell 变量根据作用范围可分为全局变量和局部变量。

1）全局变量的作用范围包括本 Shell 进程及其子进程。

2）局部变量的作用范围仅限其命令行所在的 Shell 或 Shell 脚本文件中。

示例：变量作用域（注意：使用 export 命令可以将局部变量设置为全局变量）。

```
# 父 Shell 进程:默认的交互 shell
[root@localhost ~]# A=20
[root@localhost ~]# export A
[root@localhost ~]# echo A
20
[root@localhost ~]# echo B
#输出空值
```

```
# 子 Shell 进程:在父 Shell 中新
创建的子 Shell
[root@localhost ~]$ echo A
20
[root@localhost ~]$ B=5
[root@localhost ~]$ echo B
```

上述示例中，在父进程中定义了局部变量 A，然后利用 export 命令将局部变量 A 设置为全局变量，因全局变量的作用范围包括本 Shell 进程及其子进程，故在子 Shell 进程中可以获取全局变量 A 的值。而在子进程中定义的局部变量 B，因其作用域仅限子进程，故在父进程中获取不到 B 的值，则输出空值。

（5）Shell 环境变量

Shell 环境变量是指由 Shell 定义和赋初值的 Shell 变量，Shell 使用环境变量来确定查找路径、注册目录、终端名称等。Shell 环境变量都是全局变量，并可以由用户重新设置。

环境变量又可以细分为自定义环境变量和 bash 内置环境变量。其中用户可以在命令行中设置和创建自定义环境变量，用户退出命令行时，这些变量值会丢失。若想永久保存环境变量，则可在用户根目录下的 .bash_profile 或 .bashrc 文件中定义，也可在 /etc/profile 文件中定义，这样每次用户登录时，这些变量都将被初始化。

示例：使用 export 命令设置临时环境变量 HOME，用于存储用户主目录，并使用 cd $HOME 命令切换到用户主目录，当命令行退出时，环境变量 HOME 中临时存储的值就失效了。

```
[root@localhost ~]# mkdir /home/Lilei
[root@localhost ~]# export HOME=/home/Lilei
[root@localhost ~]# cd $HOME
[root@localhost ~]# pwd
/home/Lilei
```

示例：修改 /etc/profile 文件，设置永久环境变量。

```
[root@localhost ~]# vim /etc/profile
export JAVA_HOME=/usr/lib/jvm/java-1.6.0.x86_64
export PATH=$PATH:$JAVA_HOME/bin
[root@localhost ~]# source/etc/profile
[root@localhost ~]# echo $PATH
/usr/lib/jvm/java-1.6.0.x86_64/bin
/usr/local/sbin:/usr/local/bins/usr/sbin:/usr/bin:/root/bin:/usr/lib/
jrm/java-1.6.0.X86-64/bin
```

Shell 环境变量可以通过 env 命令查看。

Shell 中常用的 bash 内置环境变量及说明见表 6-2。

表 6-2　Shell 中常用的 bash 内置环境变量及说明

环境变量	说　明
HOME	当前用户的根目录
PATH	bash 寻找可执行文件的搜索路径
PWD	当前工作目录
EDITOP、FCEDIT	bash fc 命令的默认编辑器

（6）特殊变量

Shell 中常用的特殊变量及说明见表 6-3。

表 6-3　Shell 中常用的特殊变量及说明

特殊变量	说　明
$n	n 为数字，$0 代表该脚本名称，$1~$9 代表第 1~9 个参数，十以上的参数需要用大括号包含该参数，如 ${10}
$#	获取所有输入参数个数，常用于循环，判断参数的个数是否正确以及加强脚本的健壮性
$*	该变量代表命令行中所有的参数，其把所有的参数看成一个整体
$@	该变量也代表命令行中所有的参数，不过其把每个参数区分对待
$?	最后一次执行命令的返回状态。如果该变量的值为 0，则证明上一个命令正确执行；如果该变量的值为非 0，则证明上一个命令执行不正确

示例：使用特殊变量。

```
[root@localhost ~]# vim parameter.sh
 #!/bin/bash
echo '=========$n========='
echo $0  echo $1  echo $2
echo '=========$#========='
echo $#
echo '=========$*========='
echo $*
echo '=========$@========='
echo $@
[root@localhost ~]# chmod 777 parameter.sh
[root@localhost ~]# ./parameter.sh pa1 pa2
=========$n=========
./parameter.sh echo pal echo pa2
=========$#=========
2
=========$*=========
pa1 pa2
=========$@=========
pa1 pa2
[root@localhost ~]# echo $?
```

3.　Shell 数组的使用方法

和其他编程语言一样，Shell 也支持数组。数组（Array）是若干数据的集合，其中的每一个数据都称为元素（Element）。Shell 没有限制数组的大小，理论上可以存放无限量的数据，但常用的 Bash Shell 只支持一维数组，不支持多维数组。

微课 6-3
Shell 数组的使
用方法

（1）数组的定义

在 Shell 中，用括号 () 来表示数组，定义数组的一般形式为：

```
array_name=(ele1  ele2  ele3 ... elen)
```

注意，赋值号 = 两边不能有空格，必须紧挨着数组名和数组元素，数组元素之间用空格来分隔。由于 Shell 是弱类型的，它并不要求所有数组元素的类型必须相同，例如：

```
village=("十八洞村"  "人均纯收入"  1668  8313)
```

Shell 数组的长度不是固定的，定义之后还可以增加元素。例如，对于上面的 village 数组，它的长度是 4，使用下面的代码会在最后增加一个元素，使其长度扩展到 5。

```
village[4]= "精准扶贫典型案例"
```

（2）数组元素引用

获取数组中的元素要使用下标 []，下标必须是一个大于或等于 0 的整数或整数表达式，获取数组元素的值，一般使用下面的格式：

```
${array_name[index]}
```

其中，array_name 是数组名，index 是下标。例如：

```
village_name= ${village[0]}
```

表示获取 village 数组的第 1 个元素的值为"十八洞村"，然后赋值给变量 village_name。

另外使用 @ 或 * 可以获取数组中的所有元素，例如：

```
${village[*]}
${village[@]}
```

4.　Shell 运算符

微课 6-4
Shell 运算符

Shell 中的运算符包含算术运算符、比较运算符、布尔运算符和逻辑运算符。

（1）算术运算符

Shell 中常用的算术运算符见表 6-4。

表 6-4　Shell 中常用的算术运算符

运算符	说　明	举　例
+	加法	expr $a + $b
–	减法	expr $a – $b
*	乘法	expr $a * $b
/	除法	expr $b / $a
%	取余	expr $b % $a
=	赋值	a=$b，将变量 b 的值赋给 a

需要注意，Shell 和其他编程语言不同，在 Bash Shell 中，如果不特别指明，每一个变量的值都是字符串，无论给变量赋值时有没有使用引号，值都会以字符串的形式存储。所以 Shell 不能直接进行算术运算，必须使用数学计算命令。Shell 中常用的数学计算方式见表 6-5。

表 6-5　Shell 中常用的数学计算方式

运算符操作符	举　　例
(())	((a=20–15))，表示将 20–15 的运算结果赋值给变量 a b=$((20–15))，表示获取 ((20–15)) 命令的执行结果 5，并赋值给变量 b c=$((a–b))，注意在 (()) 中使用变量无须加上 $ 前缀，(()) 会自动解析变量名，(()) 前面的 $ 表示获取 (()) 命令的结果 0，将 0 赋值给 c
let	let sum=a+b，表示将 a+b 的结果保存在变量 sum 中
$[]	d=$[3*5]，表示获取表达式 3*5 的计算结果 15 赋值给 d 变量，注意 $[] 会对表达式进行计算，并取得计算结果。如果表达式中包含了变量，那么可以加 $，也可以不加。需要注意的是，不能单独使用 $[]，必须确保有变量能够接收 $[] 的计算结果
expr	expr 2 + 3，表示计算 2+3 的结果 expr \(2 + 3 \) * 4，表示计算（2+3）*4 的结果 expr $n + 2，表示计算 n+2 的值 n='expr $m + 10'，表示计算 m+10 的结果，将计算结果赋值给变量 n 注意： 出现在表达式中的运算符、数字、变量和小括号的左右两边至少要有一个空格，否则会报错； 有些特殊符号必须用反斜杠 \ 进行转义（屏蔽其特殊含义），如乘号 * 和小括号 ()； 使用变量时要加 $ 前缀； 如果希望将计算结果赋值给变量，那么需要将整个表达式用反引号包围起来

万事有诀窍，小鹅来支招

(())、let、$[] 仅适用于整数运算。expr 不仅可以实现整数计算，还可以结合一些选项对字符串进行处理。

（2）比较运算符

1）整数比较运算符

整数比较运算符只支持整数，不支持小数与字符串，除非字符串的值是整数数字；Linux 中每个命令都有返回值，返回 0 代表成功，返回 1 代表失败（在 Bash 中，用 0 表示 true，非 0 表示 false）。表 6-6 列举了 Shell 中常用的整数比较运算符，假定变量 a 为 1，变量 b 为 2，运算结果见表 6-6。

表 6-6　Shell 中常用的整数比较运算符

运算符	说　明	举例
–eq	equals，检测两个数是否相等，相等则返回 true，否则返回 false	[$a –eq $b] 返回 false
–ne	not equals，检测两个数是否不相等，不相等则返回 true，否则返回 false	[$a –ne $b] 返回 true
–gt	greater than，检测左边的数是否大于右边的数，是则返回 true，否则返回 false	[$a –gt $b] 返回 false
–lt	lower than，检测左边的数是否小于右边的数，是则返回 true，否则返回 false	[$a –lt $b] 返回 true
–ge	greater equals，检测左边的数是否大于或等于右边的数，是则返回 true，否则返回 false	[$a –ge $b] 返回 false
–le	lower equals，检测左边的数是否小于或等于右边的数，是则返回 true，否则返回 false	[$a –le $b] 返回 true
<	检测左边的数是否小于右边的数，是则返回 true，否则返回 false	(($a<$b)) 返回 true
<=	检测左边的数是否小于或等于右边的数，是则返回 true，否则返回 false	(($a<=$b)) 返回 true
>	检测左边的数是否大于右边的数，是则返回 true，否则返回 false	(($a>$b)) 返回 false
>=	检测左边的数是否大于或等于右边的数，是则返回 true，否则返回 false	(($a>=$b)) 返回 false

注意：[] 是判断符号，该符号在使用时要注意：

① [] 内的每个组件都需要用空格符来分隔。

② [] 内的常数和变量建议采用双引号标注。

③ [] 需要对“<”，“>”等字符进行转义。

```
[root@localhost ~]#  name="Yang  Liu"
[root@localhost ~]#  [  "$name"="Yang Liu"  ]
[root@localhost ~]#  a1=10
[root@localhost ~]#  a2=20
[root@localhost ~]#  [ $a1 \< $a2 ]
```

2）字符串比较运算符

表 6–7 列举了 Shell 中常用的字符串比较运算符。假定变量 a 为“abc”，变量 b 为“bcd”。

表 6-7　Shell 中常用的字符串比较运算符

运算符	说　明	举例
== 或 =	用于比较两个字符串，若两个字符串相同则返回 true，否则返回 false	[$a == $b] 返回 false [$a = $b] 返回 false [[$a == $b]] 返回 false [[$a = $b]] 返回 false
!=	用于比较两个字符串，若两个字符串不相同则返回 true，否则返回 false	[$a != $b] 返回 true [[$a != $b]] 返回 true
<	用于比较两个字符串，若左侧字符串小于右侧字符串则返回 true，否则返回 false	[$a \< $b] 返回 true [[$a < $b]] 返回 true
>	用于比较两个字符串，若左侧字符串大于右侧字符串则返回 true，否则返回 false	[$a \> $b] 返回 false [[$a > $b]] 返回 false
-z	用于检测字符串长度是否为 0，若字符串长度为 0 则返回 true，否则返回 false	[-z $a] 返回 false
-n	用于检测字符串长度是否不为 0，不为 0 则返回 true，否则返回 false	[-n "$a"] 返回 true
$	用于检测字符串是否不为空，不为空则返回 true，否则返回 false	[$a] 返回 true

字符串比较可以使用 [[]] 和 [] 共两种方式。

[[]] 是 Shell 内置的关键字，用来检测某个条件是否成立，[[]] 的用法为 [[expression]]。当 [[]] 判断 expression 成立时，退出状态为 0，否则为非 0 值。需要注意，[[]] 和 expression 之间的两个空格是必须的，否则会导致语法错误。[[]] 不需要对 "<"，">" 等字符进行转义，转义后会出错。

```
[root@localhost ~]# name="Yang Liu"
[root@localhost ~]# [[ $name="Yang Liu" ]]
```

（3）布尔运算符

表 6-8 列举了 Shell 中常用的布尔运算符。假定变量 x 为 1，变量 y 为 0。

表 6-8　Shell 中常用的布尔运算符

运算符	说　明	举例
!	非运算，表达式为 true，则返回 false，否则返回 true	[! false] 返回 true
-o	or，或运算，有一个表达式为 true，则返回 true，否则返回 false	[$x -o $y] 返回 true
-a	and，与运算，两个表达式都为 true 才返回 true，否则返回 false	[$x -a $y] 返回 false

注意：

1）–a 和 –o 的运算符必须放在 [] 或 test 命令中才有效。

2）! 可以用在 [] 和 [[]] 中，但不可以用在 (()) 中。

（4）逻辑运算符

表 6–9 列举了 Shell 中常用的逻辑运算符。假定变量 x 为 5，变量 y 为 10。

表 6-9　Shell 中常用的逻辑运算符

运算符	说　明	举例
&&	逻辑的 AND	[[$x –lt $y && $x –gt 10]] 返回 false
||	逻辑的 OR	[[$x –lt $y || $x –gt 10]] 返回 true

注意：&& 和 || 运算符必须放在 [[]] 或 (()) 中才有效，否则会报错。

5. Shell 选择结构

微课 6–5
Shell 选择结构

（1）if 选择结构

if 选择结构有 3 种类型，分别是单分支 if 语句、双分支 if 语句和多分支 if 语句。

1）单分支 if 语句

单分支 if 语句的语法格式如下所示，程序执行顺序为若条件判断式成立，则执行命令序列；否则不执行任何操作，fi 结束判断。

```
if [ 条件判断式 ]
then
    命令序列
fi
```

2）双分支 if 语句

双分支 if 语句语法格式如下所示，程序执行顺序为当条件判断式成立，则执行命令序列 1；否则执行命令序列 2。

```
if [ 条件判断式 ]
then
    命令序列 1
else
    命令序列 2
fi
```

3）多分支 if 语句

多分支 if 语句语法格式如下所示，程序执行顺序为当条件判断式 1 成立，则执行命令序列 1；若条件判断式 1 不成立，则判断条件判断式 2 是否成立，若条件判断式 2 成立，则执行命令序列 2；若条件判断式 2 不成立，则接着判断其他条件判断式，若所有的条件判断式均不成立，则执行命令序列 n。

```
if [ 条件判断式 1 ]
then
    命令序列 1
elif  [ 条件判断式 2 ]
then
    命令序列 2
elif ...
else
    命令序列 n
fi
```

示例：根据输入的成绩，判断成绩等级是优秀、良好、及格还是不及格。

```
[root@localhost ~]# vim score.sh
#! /bin/bash
read -p "请输入您的成绩:" score
if (( $score >= 90 )) && (( $score <= 100))
then
    echo "$score, 优秀! "
elif (( $score < 90 )) && (( $score >= 80))
then
    echo "$score, 良好! "
elif (( $score < 80 )) && (( $score >= 60))
then
    echo "$score, 及格! "
else
    echo "$score, 不及格! "
fi
[root@localhost ~]# chmod a+x score.sh
[root@localhost ~]# ./score.sh
请输入您的成绩：95
95, 优秀!
```

（2）case 语句

上个示例应用多分支 if 语句实现成绩分档，当程序判断分支太多时，代码量大且逻辑容易混乱。Shell 提供的 case 语句可以更好地实现多分支条件判断。

case 语句语法格式如下：

```
case  $变量名  in
  值 1)
    命令序列 1
    ;;
  值 2)
    命令序列 2
```

```
    ;;
    ......
    *)
    默认执行命令序列
    ;;
esac
```

case 语句的执行过程为：

1）首先将变量的值依次与值 1、值 2、值 3 等进行比较，直到找到一个匹配项。

2）若找到匹配项，则执行它后面的命令，直到遇到一对分号";;"为止。

3）若找不到匹配项，则执行"*)"默认分支。

示例：根据输入的成绩，应用 case 语句判断成绩等级是优秀、良好、及格还是不及格。

```
[root@localhost ~]# vim score.sh
#! /bin/bash
read -p "请输入您的成绩:" score
case $ score in
  [9][0-9] | 100)
    echo "$score, 优秀! "
    ;;
  [8][0-9])
    echo "$score, 良好! "
    ;;
  [6-7][0-9])
    echo "$score, 及格! "
    ;;
  [0-9] | [0-5] [0-9])
    echo "$score, 不及格! "
    ;;
  *)
    echo "$score, 输入的成绩不合法! "
    ;;
esac
```

6. Shell 循环结构

Shell 脚本为 Linux 用户提供了 while 循环、until 循环和 for 循环三种循环结构。

（1）while 循环结构

while 循环是 Shell 脚本中最简单的一种循环。while 循环语法格式如下：

```
while  [ 条件判断式 ]
do
    命令序列
```

```
done
```

while 循环的执行流程为：

1）先判断条件判断式是否成立，如果该条件成立，就进入循环，执行 while 循环体中的命令序列，完成一次循环；然后重新判断条件判断式是否成立，如果成立，就进入下一次循环，如果不成立，就结束整个 while 循环，执行 done 后面的其他 Shell 代码。

微课 6-6
Shell 循环结构

2）如果一开始条件判断式就不成立，那么程序就不会进入循环体，do 和 done 之间的命令序列就没有被执行的机会。

示例：应用 while 循环计算 1 到 100 所有整数的和。

```
[root@localhost ~]# vim sum.sh
#! /bin/bash
i=1
sum=0
while (( i  <=  100 ))
do
    (( sum += i ))
    ((i++))
done
echo "The sum is: $sum"
```

（2）until 循环结构

while 循环是当条件判断式成立时，就进入循环。until 循环和 while 循环恰好相反，当条件判断式不成立时才进行循环，一旦判断条件成立，就终止循环，其语法格式如下：

```
until [ 条件判断式 ]
do
    命令序列
done
```

until 循环的执行流程为：

1）先判断条件判断式是否成立，如果该条件不成立，就进入循环，执行循环体中的命令序列，完成一次循环；然后重新判断条件判断式是否成立，如果不成立，就进入下一次循环，如果成立，就结束整个 until 循环，执行 done 后面的其他 Shell 代码。

2）如果一开始条件判断式就成立，那么程序就不会进入循环体，do 和 done 之间的命令序列就没有被执行的机会。

示例：应用 until 循环计算 1 到 100 所有整数的和。

```
[root@localhost ~]# vim sum.sh
#! /bin/bash
i=1
sum=0
```

```
until (( i  > 100 ))
do
    (( sum += i ))
    ((i++))
done
echo "The sum is: $sum"
```

（3）for 循环结构

while 循环和 until 循环一般用于不固定循环次数的循环形式。Shell 脚本还提供了 for 循环，它更加灵活易用，一般适用于固定循环次数的循环形式，for 循环有两种语法格式。

1）C 语言风格的 for 循环

```
for (( 初始化语句; 条件判断式; 循环增量 ))
do
    命令序列
done
```

for 循环的执行流程为：

① 先执行初始化语句，然后判断条件判断式是否成立，如果该条件成立，就进入循环，执行循环体中的命令序列，然后执行循环增量，完成一次循环。

② 重新判断条件判断式是否成立，如果成立，就进入下一次循环，如果不成立，就结束循环。

示例：应用 for 循环计算 1 到 100 所有整数的和。

```
[root@localhost ~]# vim sum.sh
#! /bin/bash
sum=0
for (( i=1; i<=100; i++ ))
do
    ((sum += i))
done
echo "The sum is: $sum"
```

2）Python 风格的 for in 循环

```
for  var  in  value_list
do
    命令序列
done
```

for in 循环的执行流程为：每次循环从 value_list 中取出一个值赋给变量 var，然后进入循环体，执行命令序列，直到取完 value_list 中所有的值，循环就结束了。

示例：应用 for in 循环，输出 A 到 Z 之间的所有字符。

```
[root@localhost ~]# vim sum.sh
#! /bin/bash
```

```
sum=0
#{A..Z} 表示取值范围为 A~Z，注意中间用两个点号相连，而不是三个点号
for  c  in {A..Z}
do
    printf "%c" $c
done
```

7. Shell 函数编程

（1）函数的定义

Shell 函数的本质是一段可以重复使用的脚本代码，其语法格式
如下：

```
function name() {
    statements
    [return value]
}
```

1）function 是 Shell 中的关键字，专门用来定义函数。

2）name 是函数名。

3）statements 是函数要执行的代码，也就是一组语句。

4）return value 表示函数的返回值，其中 return 是 Shell 的关键字，专门用在函数中
以返回一个值，这一部分可以写也可以不写。

（2）函数的调用

调用 Shell 函数时，若不需要传递参数，直接给出函数的名字即可；若需要传递参
数，那么在多个参数之间以空格进行分隔。

Shell 函数在定义时不能指明参数，但是在调用时却可以传递参数，并且给它传递什
么参数它就接收什么参数。

示例：定义一个函数，计算所有参数的和。

```
#!/bin/bash
function getsum(){
    local sum=0
    for n in $@
    do
        ((sum+=n))
    done
    return $sum
}

getsum 10 20 55 15        # 调用函数并传递参数
echo $?                   # 运行结果 100
```

（3）函数的返回值

Shell 函数的返回值表示的是函数的退出状态，其值是一个介于 0~255 之间的整数，其中只有 0 表示成功，其他值都表示失败。如果函数体中没有 return 语句，那么使用默认的退出状态，也就是最后一条命令的退出状态。

那么如何获取函数的处理结果呢？

1）一种是借助全局变量，将得到的结果赋值给全局变量。

2）另一种是在函数内部使用 echo、printf 命令将结果输出，在函数外部使用 $() 或者 `` 捕获结果。

示例：将函数处理结果赋值给一个全局变量。

```
#!/bin/bash
sum=0                          # 全局变量
function getsum(){
    for((i=$1; i<=$2; i++))
    do
        ((sum+=i))             # 改变全局变量
    done
    return $?                  # 返回上一条命令的退出状态
}

read m                         # 从键盘获取 m 值
read n                         # 从键盘获取 h 值
if getsum $m $n
then
    echo "The sum is $sum"     # 输出全局变量
else
    echo "Error!"
fi
```

运行结果：

```
1
100
The sum is 5050
```

示例：在函数内部使用 echo 输出结果。

```
#!/bin/bash
function getsum(){
    local sum=0                # 局部变量
    for((i=$1; i<=$2; i++))
    do
        ((sum+=i))
    done
    echo $sum
    return $?
```

```
}
read m
read n
total=$(getsum $m $n)          # 捕获了第一个 echo $sum 的输出结果
echo "The sum is $total"       # 输出结果
```

运行结果：

```
1
100
The sum is 5050
```

项目实施

任务 6.1   批量创建组和用户

为了批量创建部署及运维人员用户，并分别将相应的用户加入部署组和运维组，需要分 4 步来实现。

微课 6–8
批量创建组和
用户

步骤 1   建立批量创建组和用户的 Shell 脚本文件

使用 Vim 编辑器在 /root/shell 目录下创建一个 Shell 脚本文件 createUserAndGroup.sh，并进行脚本编辑，命令如下：

```
[root@localhost shell]# vim createUserAndGroup.sh
```

步骤 2   创建部署组和运维组

使用 groupadd 命令分别创建部署组 gDeployment 和运维组 gMaintenance，命令如下：

```
#!/bin/bosh
groupadd gDeployment
groupadd gMaintenance
```

步骤 3   创建用户

采用两个 for 循环创建 10 个用户，前 5 个用户属于 gDeployment 组，后 5 个用户属于 gMaintenance 组，命令如下：

```
# 循环前 5 个用户，并将用户加入到 gDeployment 组中
for ((i=1; i<=5; i++))
do
    useradd "u${i}" -G gDeployment
    # 将初始密码设置为用户名
    echo "u${i}" | passwd --stdin "u${i}"
    # 设置密码过期，用户登录时强制修改密码
    passwd -e "u${i}"
done
```

```
# 循环后 5 个用户，并将用户加入到 gMaintenance 组中
for ((i=6; i<=10; i++))
do
    useradd "u${i}" -G gMaintenance
    echo "u${i}" | passwd --stdin "u${i}"
    passwd -e "u${i}"
done
```

步骤 4　执行批量创建组和用户的 Shell 脚本文件

给脚本 createUserAndGroup.sh 添加可执行权限，通过 bash 执行脚本文件，即可完成任务要求的批量创建组和用户，命令如下：

```
[root@localhost shell]# chmod u+x createUserAndGroup.sh
[root@localhost shell]# bash ./createUserAndGroup.sh
```

任务 6.2　批量创建目录文件

微课 6–9
批量创建目录
文件

为了批量创建部署及运维人员工作目录 data，需要分 4 步来实现。

步骤 1　建立批量创建目录的 Shell 脚本文件

使用 Vim 编辑器在 /root/shell 目录下创建一个 Shell 脚本文件 createDir.sh，并进行脚本编辑，命令如下：

```
[root@localhost shell]# vim createDir.sh
```

步骤 2　创建目录文件

使用 for 循环，在 /home 目录下的各个用户主目录下创建 data 目录，命令如下：

```
#!/bin/bash
for ((i=1; i<=10; i++))
do
    mkdir /home/"u${i}"/data   # 根据用户名在 /home 下创建工作目录
done
```

步骤 3　设置目录属主与属组

创建好 data 目录后，其属主和属组为 root，为了能使各用户正常操作，将 data 目录的属主和属组修改为对应的用户和组，命令如下：

```
for ((i=1; i<=10; i++))
do
    mkdir /home/"u${i}"/data   # 根据用户名在 /home 下创建工作目录
    # 创建好目录后需要将目录的属主和属组更改为对应的用户和组
    if (($i <=5))
    then
      chown "u${i}":gDeployment /home/"u${i}"/data
    else
```

```
        chown "u${i}":gMaintenance /home/"u${i}"/data
        fi
done
echo "创建完毕!"
```

步骤 4　执行批量创建目录的 Shell 脚本文件

给脚本 createDir.sh 添加可执行权限，通过 bash 执行脚本文件，即可完成任务要求的批量创建工作目录，命令如下：

```
[root@localhost shell]# chmod u+x createDir.sh
[root@localhost shell]# bash ./createDir.sh
创建完毕!
[root@localhost shell]# ll-d /home/u1/data
drwxr-xr-x. 2 u1 gDeployment 6 5月 29 22:07 /home/u1/data
```

创建完毕后使用 ll 命令查看用户 u1 对应的工作目录 /home/u1/data。结果显示了此目录的详细信息，属主为 u1，属组为 gDeployment。用户 u1 的工作目录创建成功。

任务 6.3　一键安装软件包

为了便于部署及运维人员快速安装软件包，需要编写一个 Shell 脚本来实现一键安装软件包。此任务需要分 4 步来实现。

微课 6–10
一键安装软件包

步骤 1　建立批量安装软件包的 Shell 脚本文件

使用 Vim 编辑器在 /root/shell 目录下创建一个 Shell 脚本文件 install.sh，并进行脚本编辑，命令如下：

```
[root@localhost shell]# vim install.sh
```

步骤 2　安装 Apache 服务

安装 Apache 服务 httpd，并设置防火墙永久运行 HTTP 服务，命令如下：

```
#!/bin/bash
echo '开始安装 Apache 服务'
yum -y install httpd  # 安装 Apache 服务
yum -y install httpd-manual  # 安装 Apache 手册
echo '配置 Apache 服务'
systemctl start httpd          # 重新启用
systemctl enable httpd         # 启用
firewall-cmd  --permanent --add-service=http  # 永久允许 http
firewall-cmd  --reload          # 防火墙重新加载策略
echo '安装配置 Apache 完成!'
```

步骤 3　安装 MySQL 服务

下载 MySQL 的 rpm 源，通过 yum 命令安装 MySQL 服务，并设置不校验数字签名，命令如下：

```
echo '开始安装 MySQL 服务'
wget http://dev.mysql.com/get/mysql57-community-release-el7-11.noarch.
rpm # 下载 MySQL 的 rpm 源
yum -y install mysql57-community-release-el7-11.noarch.rpm # 通过 yum 命令
进行安装
yum -y install mysql-server  --nogpgcheck # 不校验数字签名
echo '启动服务'
systemctl start mysqld.service
systemctl status mysql.service
echo '安装配置 MySQL 服务完成！'
```

步骤 4　执行批量安装软件包的 Shell 脚本文件

给脚本 install.sh 添加可执行权限，使用 root 账户通过 bash 执行脚本文件，即可完成任务要求的一键安装软件包，命令如下：

```
[root@localhost shell]# chmod u+x install.sh
[root@localhost shell]# bash ./install.sh
```

任务 6.4　自动文件归档

为了便于部署及运维人员快速归档并备份工作目录 data，需要分 4 步来实现。在脚本中如何区分不同用户的 data 目录呢？

微课 6-11
自动文件归档

万事有诀窍，小鹅来支招

通过在脚本里接收用户名参数，就可以备份指定用户的 data 目录了。

步骤 1　建立文件归档的 Shell 脚本文件

使用 Vim 编辑器在 /root/shell 目录下创建一个 Shell 脚本文件 backup.sh，并进行脚本编辑，命令如下：

```
[root@localhost shell]# vim backup.sh
```

步骤 2　校验脚本参数的有效性

脚本的输入参数为当前登录用户的用户名，因此需要校验脚本输入参数的个数和判断输入参数是否为当前登录用户名，命令如下：

```
#!/bin/bash
if (($# != 1))    # 判断接收用户名的个数是否为 1 个，不是的话则给出提示
then
    echo '请输入正确的参数'
```

```
    exit 2
fi

if (("$1" == 'whoami'))     # 判断接收的用户名是否为当前登录用户。
then
    # 备份
else
    echo '请输入您的正确用户名！'
fi
```

步骤 3　备份工作目录

使用 tar 命令，对用户的工作目录 data 进行备份，实现文件的自动归档，命令如下：

```
tar -zcvf data.tar.gz /home/$1/data   # 备份
```

步骤 4　执行 Shell 脚本文件，实现文件自动归档

给脚本 backup.sh 添加可执行权限，通过 bash 执行脚本文件，即可完成任务要求的自动文件归档，命令如下：

```
[u1@localhost data]$ bash ./backup.sh u1
tar: 从成员名中删除开头的 "/"
/home/u1/data/
/home/u1/data/ install.sh
/home/u1/data/backup.sh
/home/u1/data/readme.md
```

使用用户 u1 登录，执行 backup.sh 脚本，传入参数 u1 后即可将 data 目录归档备份（注意：此处备份的 data 目录中的文件是执行任务 6.5 的脚本 deliver.sh 后产生的，执行 deliver.sh 前 data 下并没有文件）。

任务 6.5　批量下发文件

为了给运维和部署工作人员下发工作中需要使用的文件，管理员需要将 Shell 目录下创建的脚本文件提前通过 root 用户复制到 /home/work 目录下。/home/work 目录为存放工作文件的目录，工作文件包含：install.sh、backup.sh、readme.md，其中前两个文件由前面的任务创建，后一个文件可以由读者使用 touch 命令自行创建。需要分 5 步来实现该任务。

微课 6-12
批量下发文件

步骤 1　建立批量下发文件的 Shell 脚本

使用 Vim 编辑器在 /root/shell 目录下创建一个 Shell 脚本文件 deliver.sh，并进行脚本编辑，命令如下：

```
[root@localhost shell]# vim deliver.sh
```

步骤 2　复制工作文件到工作目录

使用 cp 命令，将工作文件复制到用户工作目录下，命令如下：

```
#!/bin/bash
cp -a /home/work/install.sh /home/$1/data    # 复制 install.sh 到指定用户 data
目录下
cp -a /home/work/backup.sh /home/$1/data     # 复制 backup.sh 到指定用户 data
目录下
cp -a /home/work/readme.md /home/$1/data     # 复制 readme.md 到指定用户 data
目录下
```

步骤 3　更改工作文件的属主和属组

通过接收参数的方式，将复制到工作目录下的文件更改为对应用户的属主和属组，命令如下：

```
chown $1:$2 /home/$1/data/install.sh         # 更改文件的属组和属主
chown $1:$2 /home/$1/data/backup.sh
chown $1:$2 /home/$1/data/readme.md
```

将步骤 2 和 3 封装为一个函数，命令如下：

```
function toUser(){
    # 函数功能为给指定用户下发工作文件；参数为用户名和组名
    echo " 给用户 $1 下发文件 "
    cp -a /home/work/install.sh /home/$1/data    # 复制 install.sh 到指定用户
data 目录下
    chown $1:$2 /home/$1/data/ install.sh         # 更改文件的属组和属主
    cp -a /home/work/backup.sh /home/$1/data      # 复制 backup.sh 到指定用户
data 目录下
    chown $1:$2 /home/$1/data/ backup.sh
    cp -a /home/work/readme.md /home/$1/data      # 复制 readme.md 到指定用户
data 目录下
    chown $1:$2 /home/$1/data/readme.md
    echo " 给 $1 下发完成 "
}
```

步骤 4　调用函数实现文件的批量下发

通过 for 循环，遍历 10 个用户，调用 toUser 函数实现文件的批量下发，命令如下：

```
for ((i=1; i<=10; i++))
do
    if ((i<=5))
    then
      toUser "u${i}" gDeployment          # 调用函数，传递用户和组两个参数
    else
      toUser "u${i}" gMaintenance         # 调用函数，传递用户和组两个参数
    fi
done
```

步骤 5　执行 Shell 脚本，实现文件批量下发

给脚本 deliver.sh 添加可执行权限，通过 bash 执行脚本文件，即可完成任务要求的批量下发文件，命令如下：

```
[root@localhost shell]# chmod u+x deliver.sh
[root@localhost shell]# bash ./deliver.sh
给用户 u1 下发文件
给 u1 下发完成
# 省略其余内容……
给用户 u10 下发文件
给 u10 下发完成
```

项目总结

本项目通过 5 个任务，对 Shell 脚本的编辑与运行进行了综合练习，着重培养了应用 Shell 脚本中的变量、运算符、选择结构、循环结构和函数解决实际任务的能力。

本项目对小高的企业实施乡村数字化平台建设提供了有力支持，能帮助运维和部署人员快速上手。通过本项目的学习，希望广大大学生读者积极投身到乡村建设当中，服务乡村、服务社会。

课后练习

1. 选择题

（1）在使用 Shell 变量时，需要在变量名前加上（　　　　）。

课后练习答案
项目 6

　　A. $　　　　　B. #　　　　　　C. ~　　　　　　D. !

（2）以下选项中不是 Shell 的循环控制结构的是（　　　　）。

　　A. for　　　　　B. while　　　　　C. loop　　　　　D. until

2. 填空题

（1）Shell 脚本通常使用_____符号作为脚本的开始。

（2）在 Shell 脚本的关系运算符中，_____运算符表示检测运算符左边的数是否大于或等于运算符右边的数；_____运算符表示检测运算符左边的数是否小于或等于运算符右边的数。

3. 简答题

（1）简述运行 Shell 脚本时如何使用参数。

（2）简述 Shell 脚本中"#!/bin/bash"的作用。

4. 实操题

小高所属企业的数字化平台已经运行了一段时间，工作人员的工作热情依然高涨。为了便于运维人员对平台的监控，请编写一个脚本实现功能：在用户主目录下新建 log 目录，查找根目录下所有以 ".log" 结尾且属主是当前用户的文件，然后将这些文件及其属性一起复制到 log 目录下。

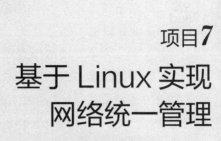

项目**7**

基于 Linux 实现
网络统一管理

学习目标

知识目标

- 了解 DHCP 服务的工作过程
- 理解 DHCP 配置文件各配置项的含义

能力目标

- 能够在 Linux 系统中安装并启动 DHCP 服务
- 能够在 Linux 系统中配置 DHCP 服务器端
- 能够配置 DHCP 客户端实现网络自动连接

素养目标

- 通过安装 DHCP 服务器，培养学生的系统思维、全局思维
- 通过 DHCP 作用域和保留地址的设置，培养学生的团队协作意识、效率意识
- 通过为电子阅览室配置 DHCP 服务器的项目案例，增强文化自信，提高对中华优秀传统文化的归属感和认同感

项目描述

思维导图
项目 7

  A 社区地处太行山下，拥有深厚的历史文化积淀。为满足辖区居民的精神文化需求，传播中华优秀传统文化，社区决定购进 60 台计算机用于建设电子阅览室。

  为了方便居民查阅电子资料，同时也为了更加高效地使用 IP 地址，需要配置 DHCP 服务器分配 IP 地址，各计算机的 IP 地址要求如下：

（1）DHCP 服务器的地址是 192.168.10.1，有效地址段是 192.168.10.1~192.168.10.254，子网掩码是 255.255.255.0，网关是 192.168.10.254。

（2）服务器地址段是 192.168.10.1~192.168.10.30。

（3）客户机可以使用的地址段是 192.168.10.31~192.168.10.200，其中 192.168.10.107 保留给电子阅览室的打印机使用。

知识学习

1. DHCP 简介

基于 Linux 实现
网络统一管理

PPT

教学设计
基于 Linux 实现
网络统一管理

微课 7-1
DHCP 概述

  动态主机配置协议（Dynamic Host Configuration Protocol，DHCP）是一个应用层协议，主要用于局域网环境，用途是为局域网内部的设备自动分配 IP 地址等参数。

  对于规模较大的网络，手动设置每台计算机的 IP 地址是一件烦琐的事情。为了实现局域网中 IP 地址的自动分配，网络管理员要在网络中的一台或多台计算机上安装 DHCP 服务，由安装 DHCP 服务的计算机提供 IP 地址的自动分配功能，将这些计算机称为 "DHCP 服务器"，局域网中其他使用 DHCP 服务的计算机被称为 "DHCP 客户端"。当用户将客户主机 IP 地址设置为动态获取方式时，DHCP 服务器就会根据 DHCP 协议给客户主机分配 IP，使得客户主机能够利用这个 IP 上网，有助于防止在网络上配置新的计算机时重复使用以前指派的 IP 地址而引起的地址冲突。

2. DHCP 的工作过程

DHCP 客户端从 DHCP 服务器上获得 IP 地址的工作过程可以分为以下 4 个阶段：

（1）申请阶段

当 DHCP 客户端启动网络时，计算机会发现本机上没有任何 IP 地址设定，就以广播的方式发送 DHCP 发现信息，广播包由 UDP 端口 67 和 68 进行发送。网络上每台安装了 TCP/IP 的主机都会接收到这个广播信息，但只有 DHCP 服务器才会做出响应。

微课 7-2
DHCP 工作过程

（2）提供阶段

局域网中的每个 DHCP 服务器都会收到广播信息，当接收到 DHCP 客户端的广播信息之后，所有的 DHCP 服务器均为 DHCP 客户端分配一个合适的 IP 地址，将 IP 地址、子网掩码等信息发送回 DHCP 客户端。由于在此过程中 DHCP 服务器没有对 DHCP 客户端进行限制，因此 DHCP 客户端能收到多个 IP 地址提供信息。

（3）选择阶段

DHCP 客户端接收到多个服务器发送的 IP 地址提供信息，DHCP 客户端通常优先选择第一个收到的 IP 地址，然后 DHCP 客户端向选择的 DHCP 服务器发送选择租用信息。租用消息以广播方式发送，局域网中所有的 DHCP 服务器都可以看到这个租用信息，那些没有被 DHCP 客户端承认的 DHCP 服务器将收回提供的 IP 地址，释放可用的地址池。

（4）确认阶段

当 DHCP 服务器接收到 DHCP 客户端的选择信息时，如果此 IP 地址没有分配给其他 DHCP 客户端，DHCP 服务器则会回应一个确认信息，确认将此 IP 地址分配给 DHCP 客户端。

3. DHCP 服务的主配置文件

DHCP 服务的主配置文件是 /etc/dhcp/dhcpd.conf，dhcpd 服务程序的配置文件中默认只有 3 行注释语句，后续需要根据项目需求，完善配置文件内容。

```
[root@localhost ~]# cat /etc/dhcp/dhcpd.conf
#
# DHCP Server Configuration file.
#   see /usr/share/doc/dhcp-server/dhcpd.conf.example
#   see dhcpd.conf(5) man page
```

微课 7-3
DHCP 配置文件

DHCP 主配置文件的结构如下：

```
# 全局配置
参数或选项;

# 局部配置
声明 {
    参数或选项;
    }
```

从上述标准的 DHCP 主配置文件的结构可以看出，标准的配置文件通常包括三部分：参数、声明和选项。

（1）常用参数介绍

参数用于设置客户端和服务器的行为，表明如何执行任务，是否要执行任务，如指定网卡接口类型和 MAC 地址、通知 DHCP 客户端服务器的名称等，其常用的参数及功能说明见表 7-1。

表 7-1　dhcpd 服务程序配置文件中常用的参数及功能说明

参数	说　明
ddns-update-style	用于定义 DNS 服务动态更新的类型，类型包括：none（不支持动态更新）、interim（互动更新模式）与 ad-hoc（特殊更新模式）
default-lease-time	指定默认超时时间，单位是秒
max-lease-time	指定最大超时时间，单位是秒
allow/ignore client-updates	允许 / 忽略客户端更新 DNS 记录
hardware	指定网卡接口类型和 MAC 地址
server-name	通知 DHCP 客户端服务器的名称
get-lease-hostnames flag	检查客户端使用的 IP 地址
fixed-address ip	将某个固定的 IP 地址分配给指定主机

（2）常用声明介绍

声明一般用于描述网络布局、网络中的客户端等，其常用的声明及功能说明见表 7-2。

表 7-2　dhcpd 服务程序配置文件中常用的声明及功能说明

声明	说　明
shared-network	用来定义共享同一物理网络的子网
subnet	用于描述一个 IP 地址是否属于该子网
range	用来指定动态分配 IP 地址的范围
host	用于配置特定客户端的网络参数，从而指定客户端静态的 IP 地址
group	用于为一组参数提供声明
allow unknown-clients deny unknown-client	表示是否动态分配 IP 地址给未知的使用者
allow bootp deny bootp	表示是否响应激活查询
allow booting deny booting	表示是否响应使用者查询
filename	表示开始启动文件的名称，应用于无盘工作站
next-server	设置服务器从引导文件中装入主机名，应用于无盘工作站

（3）常用选项介绍

选项用来配置 DHCP 可选参数，全部用 option 关键字作为开始，其常用的选项及功能说明见表 7-3。

表 7-3　dhcpd 服务程序配置文件中常用的选项及功能说明

选项	说　　明
subnet-mask	设置客户端的子网掩码
domain-name	指明客户端的 DNS 名字
domain-name-servers	指明客户端的 DNS 服务器的 IP 地址
host-name	指定客户端的主机名称
routers	设定客户端的默认网关
broadcast-address	设定客户端的广播地址
ntp-server	为客户端设定网络时间服务器 IP 地址
time-offset	指定客户端与格林尼治时间的偏移差

项目实施

任务 7.1　安装与启动 DHCP 服务

该任务为电子阅览室的某台计算机安装和启动 DHCP 服务，并将这台计算机用作 DHCP 服务器。

微课 7-4
安装与启动
DHCP 服务

步骤 1　检查是否安装 DHCP 服务

在安装 DHCP 服务之前，可以先检测系统是否已经安装了 DHCP 服务，命令如下：

```
[root@localhost ~]# rpm -qa | grep dhcp
dhcp-libs-4.3.6-44.el8.x86_64
dhcp-common-4.3.6-44.el8.noarch
dhcp-client-4.3.6-44.el8.x86_64
```

通过检测发现系统中尚未安装 DHCP 服务。

步骤 2　配置本地 yum 源

挂载 ISO 映像文件，其中 /media 一般在系统安装时就会创建，可以直接使用，命令如下：

```
[root@localhost ~]# mount /dev/cdrom /media
mount: /media: WARNING: device write-protected, mounted read-only.
```

新建配置文件 /etc/yum.repos.d/dvd.repo，制作用于安装的 yum 源文件，制作内容参见 "cat /etc/yum.repos.d/dvd.repo" 命令后的内容。命令如下：

```
[root@localhost ~]# vim /etc/yum.repos.d/dvd.repo
[root@localhost ~]# cat /etc/yum.repos.d/dvd.repo
[Media]
```

```
name=Media
baseurl=file:///media/BaseOS
gpgcheck=0
enabled=1


[rhel8-AppStream]
name=rhel8-AppStream
baseurl=file:///media/AppStream
gpgcheck=0
enabled=1
```

使用 dnf 命令查看 dhcp 软件包的信息，命令如下：

```
[root@localhost ~]# dnf info dhcp-server
Updating Subscription Management repositories.
Unable to read consumer identity
This system is not registered to Red Hat Subscription Management. You
can use subscription-manager to register.
Media                                   22 MB/s | 2.3 MB       00:00
rhel8-AppStream                         37 MB/s | 6.8 MB       00:00
上次元数据过期检查:0:00:01 前，执行于 2023 年 06 月 02 日 星期五 15 时 50 分 21 秒。
可安装的软件包
名称      : dhcp-server
时期      : 12
版本      : 4.3.6
发布      : 44.el8
架构      : x86_64
大小      : 530 k
源        : dhcp-4.3.6-44.el8.src.rpm
仓库      : Media
概况      : Provides the ISC DHCP server
URL       : http://isc.org/products/DHCP/
协议      : ISC
描述      : DHCP (Dynamic Host Configuration Protocol) is a protocol which
          : allows individual devices on an IP network to get their own
          : network configuration information (IP address, subnetmask,
          : broadcast address, etc.) from a DHCP server. The overall purpose
          : of DHCP is to make it easier to administer a large network.
          :
          : This package provides the ISC DHCP server.
```

清除缓存，命令如下：

```
[root@localhost ~]# dnf clean all
```

步骤 3   安装 DHCP 服务

使用 dnf 命令完成 dhcp 服务的安装，命令如下：

```
[root@localhost ~]# dnf install dhcp-server -y
```

使用 rpm 命令再次进行查询，确认 dhcp 服务是否安装成功，命令如下：

```
[root@localhost ~]# rpm -qa | grep dhcp
dhcp-libs-4.3.6-44.el8.x86_64
dhcp-common-4.3.6-44.el8.noarch
dhcp-client-4.3.6-44.el8.x86_64
dhcp-server-4.3.6-44.el8.x86_64
```

任务 7.2　配置 DHCP 服务器

微课 7-5
配置 DHCP
服务器

通过该任务，可以完成电子阅览室 DHCP 服务器的配置，使 DHCP
服务器具有 IP 地址自动分配功能。配置 DHCP 服务器主要是配置 /etc/
dhcp/dhcpd.conf 文件，前文提到，该文件里面没有实质性的内容，只
有 3 行注释语句，从第 2 行注释语句中可以看到样例文件 /usr/share/doc/
dhcp-server/dhcpd.conf.example，只需在该样例的基础上稍加修改，即可
完成配置。

步骤 1　编辑主配置文件

复制样例文件到主配置文件，命令如下：

```
[root@localhost ~]#cp /usr/share/doc/dhcp-server/dhcpd.conf.example /
etc/dhcp/dhcpd.conf
```

使用 vim 命令打开并编辑主配置文件，依据项目描述中的 IP 地址要求来完成主配置
文件的编辑。编辑内容参见 "cat /etc/dhcp/dhcpd.conf" 命令后的内容，配置完成后保存
并退出，命令如下：

```
 [root@localhost ~]# vim /etc/dhcp/dhcpd.conf
[root@localhost ~]# cat /etc/dhcp/dhcpd.conf
ddns-update-style none;
log-facility local7;
subnet 192.168.10.0 netmask 255.255.255.0 {
  range 192.168.10.31 192.168.10.104;          # 指定 IP 地址池
  range 192.168.10.106 192.168.10.106;         # 指定 IP 地址池
  range 192.168.10.108 192.168.10.200;         # 指定 IP 地址池
  option domain-name "hbsiexample.cn";         # 指定客户端域名
  option domain-name-servers 192.168.10.1;     # 指定客户端域名服务器 IP 地址
  option routers 192.168.10.254;               # 指定客户端的默认网关
  option broadcast-address 192.168.10.255;     # 指定客户端的广播地址
  default-lease-time 600;                       # 指定默认超时时间
  max-lease-time 7200;}                         # 指定最大超时时间
host Printer{
    hardware ethernet 00:0C:29:54:5A:36;       # 指定网卡接口类型和 MAC 地址
    fixed-address 192.168.10.107;              # 分配固定的 IP 地址给指定客户端
}
```

步骤 2　重启 DHCP 服务

完成主配置文件编辑后，需要重启 DHCP 服务，并设置开机自动启动，命令如下：

```
[root@localhost ~]# systemctl restart dhcpd
[root@localhost ~]# systemctl enable dhcpd
```

万事有诀窍，小鹅来支招

部署 DHCP 服务还应满足下列条件：

（1）DHCP 服务器的 IP 地址、子网掩码、DNS 服务器等参数必须手动设置，否则不能为客户端分配 IP 地址；

（2）如果没有特别指出，所有 Linux 的虚拟机网络连接方式都选择"自定义：特定虚拟网络"下拉列表中的"VMnet1（仅主机模式）"选项，如图 7-1 所示。

图 7-1　Linux 的虚拟机网络连接方式

任务 7.3 配置客户端网络自动连接

该任务为电子阅览室的联网设备分配 IP 地址，实现客户端和打印机网络的自动连接。

步骤 1 配置 Eroom 客户端

启动 Linux 客户端，依次单击"活动"→"显示应用程序"→"设置"→"网络"按钮，打开"网络"对话框，如图 7-2 所示。

微课 7-6
配置客户端
网络自动连接

图 7-2 "网络"对话框

操作要规范，小鹅有提醒

在配置客户端时，需要重新启动一台新的虚拟机。

单击图 7-2 所示右侧的齿轮按钮，单击选项卡中的"IPv4"选项，并将"IPv4 方法"选项设为"自动（DHCP）"，设置完之后单击"应用"按钮，如图 7-3 所示。

返回至图 7-2 所示的对话框，先关闭有线，再重新打开。然后单击右侧的齿轮按钮，这时会看到 Eroom 成功获取到了 DHCP 服务器地址池中的 IP 地址，如图 7-4 所示。

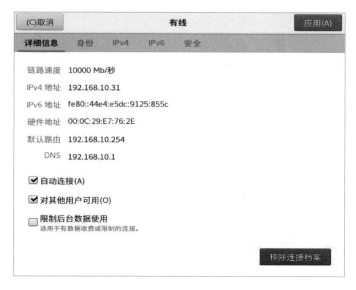

图 7-3　设置自动（DHCP）

图 7-4　Eroom 对应的 IP 地址

万事有诀窍，小鹅来支招

　　需要在虚拟机中关闭 VMnet1 和 VMnet8 的 DHCP 功能，才能获取到 DHCP 服务器地址池中的 IP 地址。关闭 VMnet1 和 VMnet8 的 DHCP 服务功能的方法如下：

　　在 VMware 主窗口中，单击"编辑"→"虚拟网络编辑器"按钮，打开"虚拟网络编辑器"对话框，如图 7-5 所示，分别选中 VMnet1 或 VMnet8，取消选择对应的 DHCP 服务启动选项。

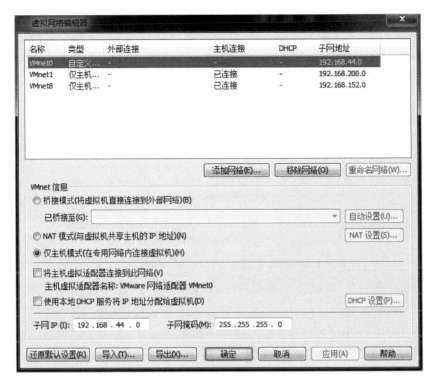

图 7-5 "虚拟网络编辑器"对话框

步骤 2 配置 Printer 客户端，查看是否为打印机配置了 IP 地址。

登录 Printer 客户端，按照步骤 1 的方法，设置 Printer 自动获取 IP 地址，结果如图 7-6 所示，可以看到 Printer 客户端的 IP 地址为给打印机预留的 IP 地址。

图 7-6 Printer 对应的 IP 地址

步骤3 Windows 客户端配置

Windows 客户端的配置方法比较简单。在 TCP/IP 属性中设置自动获取 IP 地址，之后在 Windows 命令提示符下，利用 ipconfig 命令释放 IP 地址，然后重新获取 IP 地址即可。

有问必有答，小鹅小百科

Windows 中释放 IP 地址的命令是 ipconfig/release。重新申请 IP 地址的命令是 ipconfig/renew。

项目总结

本项目通过配置 DHCP 服务器完成了该社区电子阅览室网络的建设，实现了 IP 地址的动态分配，提高了 IP 地址的使用效率，丰富了该社区居民的精神文化生活。在对 DHCP 服务器进行配置的过程中，需要注意 DHCP 配置文件中各参数的作用以及参数的书写格式，以加深对 DHCP 服务器工作原理的理解，同时要提高自己的效率意识。

课后练习

课后练习答案
项目 7

1. 选择题

（1）使用 DHCP 服务器来管理一个网络时，自动为一个网络中的主机分配（　　）。

　　　　A. IP　　　　　　B. MAC　　　　　C. TCP　　　　　D. UDP

（2）DHCP 的配置文件默认保存在（　　）目录下。

A. /var/lib/dhcpd/　　　　　　　　B. /var/lib/dhcp/

C. /var/log/dhcpd　　　　　　　　D. /ect/dhcpd

（3）DHCP 客户端发送请求消息到 DHCP 服务器时使用的端口号是（　　）。

A. TCP67　　　　B. TCP68　　　　C. UDP67　　　　D. UDP68

（4）配置完 DHCP 服务器后，使用（　　）命令可以启动 DHCP 服务器。

A. dhcp on　　　　　　　　　　B. start dhcp

C. systemctl start dhcpd.service　D. systemctl start dhcpd

（5）DHCP 服务器默认的启动脚本为（　　）。

A. dhclient　　　B. network　　　C. dhcp　　　　D. dhcpd

2. 填空题

（1）DHCP 为客户端分配地址的方法分别为_____、_____、_____。

（2）DHCP 服务的配置文件是_____。

（3）用于定义 DHCP 地址池的参数是＿＿＿＿＿＿＿。

3. 简答题

（1）简述 DHCP 服务器的作用。

（2）简述 DHCP 服务器的工作过程。

4. 实操题

本项目的电子阅览室一经投入使用，受到了广大群众的欢迎，为满足群众日益增长的阅读需求，决定对电子阅览室进行扩建，现要求配置 DHCP 服务器，解决为主机动态分配 IP 地址的问题，DHCP 服务器的具体参数如下：

（1）IP 地址段：192.168.11.101~192.168.11.200

（2）网关地址：192.168.11.254

（3）子网掩码：255.255.255.0

（4）子网所属域名：eroom.cn

（5）为联网设备保留的 IP 地址：192.168.11.104　192.168.11.106

（6）默认租用有效期：1 天

（7）最大租用有效期：2 天

请完成上述 DHCP 服务器的配置。

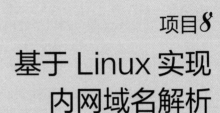

项目8

基于 Linux 实现
内网域名解析

学习目标

知识目标

- 了解 DNS 服务的基本概念
- 掌握 DNS 服务的安装方法
- 掌握正向解析配置及其测试的方法
- 掌握反向解析配置及其测试的方法

能力目标

- 能够在 Linux 系统中安装并配置 DNS 服务
- 能够在内网环境下实现正反向解析及网络访问

素养目标

- 通过学习 DNS 的基本工作原理及其在整个互联网运营环节上的意义、地位，培养学生居安思危、防微杜渐的网络安全意识，同时提升学生的网络主权意识
- 通过构建校园网络访问架构环境，培养学生审慎周全的学风、协同合作的团队意识，以及追求精益求精的岗位素养
- 通过针对本项目的学习、部署、实施操作、后期改进的全过程指导与跟进，引导学生树立做有理想、敢担当、能吃苦、肯奋斗的新时代好青年的理想抱负

项目描述

思维导图
项目 8

　　DNS 网络劫持攻击一直是全球互联网安全领域的棘手问题，搭建内部 DNS 服务器，加强网络安全防护至关重要。某学校为净化校园网络，加强网络安全防护，营造一个健康、安全的校园网络环境，采购了一台 Linux 服务器以搭建内部 DNS。学校网络管理员小李将带领学生根据以下要求搭建 DNS 服务器：

　　（1）安装 DNS 服务器。

（2）配置解析文件，实现正向和反向解析。

（3）测试连接外部网络。

知识学习

1. DNS 简介

基于 Linux 实现
内网域名解析

PPT

教学设计
基于 Linux 实现
内网域名解析

微课 8-1
DNS 概述

　　（1）域名

　　域名（Domain Name）由一串用点分隔的名字组成，是 Internet 上某一台计算机或计算机组的名称，用于在数据传输时标识计算机，具有独一无二、不可重复的特性。

　　（2）域名的关系和组成

　　常见域名：www.baidu.com

　　完整域名：www.baidu.com.

　　com 后面的点代表了根域，可省略；com 为顶级域，由 ICANN 组织指定和管理；baidu 为级域（注册域），可由个人或组织申请注册；www 为三级域（子域），即主机名。

国际标准域名结构如图 8-1 所示。

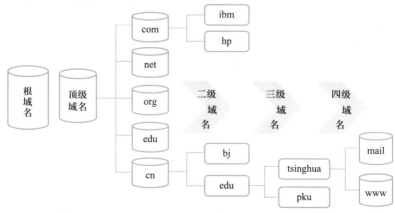

图 8-1   国际标准域名结构

一个正常的域名自左至右级别依次增高，即主机名 . 次级域名 . 顶级域名 . 根域名。需要注意的是，根域名服务器一共有 13 个。

有问必有答，小鹅小百科

域名如今已经被普遍作为各国的战略资源而受到高度重视。根域服务器在 DNS 整个服务架构中处于"咽喉般"的控制地位，我们每个人都应该思考：如何避免在网络信息领域被别人"卡脖子"？

（3）DNS 的概念

域名系统（Domain Name System，DNS）是互联网的一项服务。域名解析就是域名和网络 IP 之间的转换过程，其中正向解析方向为从域名→IP 地址；反向解析方向为从 IP 地址→域名。域名的解析工作由 DNS 服务器完成。

2. DNS 的工作原理

DNS 是一种可以将域名和 IP 地址相互映射的分布式数据库系统，使用 TCP 和 UDP，系统预留的工作端口为 53 号。主要包括如下 3 个组成部分：

（1）域名空间（Domain Name Space）和资源记录（Resource Record）。

（2）域名服务器（Name Server）。

（3）解析器（Resolver）。

微课 8-2
DNS 工作原理

3. DNS 域名的解析过程

DNS 域名解析过程如下：

（1）客户机提出域名解析请求，并将该请求发送给本地的域名服务器。

（2）当本地的域名服务器收到请求后，先查询本地的缓存，如果有该记录项，则本地的域名服务器直接把查询结果返回给客户机。

（3）如果本地的缓存中没有该记录，本地域名服务器直接把请求发送给根域名服务器，然后根域名服务器返回给本地域名服务器所查询（根的子域）的主域名服务器的地址。

微课 8-3
解析工作流程

（4）本地服务器再向第 3 步中返回的域名服务器发送请求，接受请求的服务器查询自己的缓存，如果没有该记录，则返回相关的下级域名服务器的地址。

（5）重复第 4 步，直到找到正确的记录。

（6）本地域名服务器把返回的结果保存到缓存，以备下一次使用，同时将结果返回给客户机。

DNS 的工作过程如图 8-2 所示。

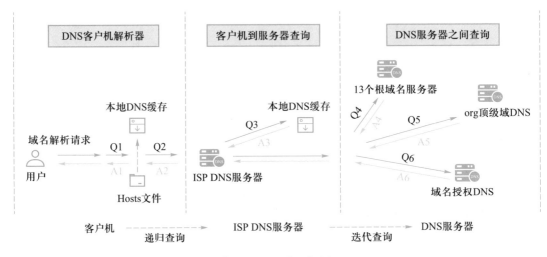

图 8-2　DNS 的工作过程

4.　DNS 服务的配置文件

微课 8-4
DNS 服务
配置文件

（1）主配置文件：/etc/named.conf

文件内容如下：

```
options {
        listen-on port 53 { 127.0.0.1; };
        listen-on-v6 port 53 { ::1; };
        directory               "/var/named";
        dump-file               "/var/named/data/cache_dump.db";
        statistics-file         "/var/named/data/named_stats.txt";
        memstatistics-file      "/var/named/data/named_mem_stats.txt";
        recursing-file          "/var/named/data/named.recursing";
        secroots-file           "/var/named/data/named.secroots";
        allow-query             { localhost; };
# 省略其余内容……
```

主配置文件中需要设置的分项见表 8-1。

表 8-1　主配置文件设置分项

分项	含义	设置值
listen-on port 53	设置服务器监听网卡（IP）	any
allow-query	设置可以访问服务器的客户机 IP	any

（2）区域配置文件：/etc/named.rfc1912.zones

文件内容如下：

```
zone "localhost.localdomain" IN {
        type master;
        file "named.localhost";
        allow-update { none; };
};
# 省略其余内容……
zone "1.0.0.127.in-addr.arpa" IN {
        type master;
        file "named.localhost";
        allow-update { none; };
};
# 省略其余内容……
```

该配置文件中需要设置的分项见表 8-2。

表 8-2　区域配置文件设置分项

分项	含义	设置值注解
zone "localhost.localdomain"	正向区域配置文件标签	修改要解析的域名
type	DNS 服务器类型 master/slave	master 为主服务器类型
file	正向 / 反向数据配置文件名称	正、反向数据配置文件默认在 /var/named 目录下
zone "1.0.0.127.in-addr.arpa"	反向区域配置文件标签	IP 要反写

（3）数据配置文件目录：/var/named

文件内容如下：

1）name.ca：记录了 13 台根域服务器的位置。

2）named.localhost：正向解析代理。

3）named.loopback：反向解析代理。

正向解析数据文件内容如下：

```
$TTL 1D
@       IN SOA  @ rname.invalid. (
                                        0       ; serial
                                        1D      ; refresh
                                        1H      ; retry
                                        1W      ; expire
                                        3H )    ; minimum
        NS      @
        A       127.0.0.1
        AAAA    ::1
```

反向解析数据文件中比上面多了一行内容：

```
# 省略其余内容……
PTR       localhost.
```

正反向解析数据配置文件的分项见表 8-3。

表 8-3　数据配置文件的分项

分项	含义	注解
@	DNS 服务器的域名	
A	IPv4 域名 IP 解析记录	
AAAA	IPv6 域名 IP 解析记录	
SOA	起始授权机构的资源记录	SOA 记录说明了该 DNS 区域的基本信息和主服务器信息

（4）主机配置文件：/etc/hosts

该文件包含了 IP 地址和主机名之间的映射，包含三部分：第一部分为网络 IP 地址，第二部分为主机名或域名，第三部分为主机别名。在没有域名服务器的情况下，系统上所有的网络程序都通过该文件来解析某主机名的 IP 地址。

```
127.0.0.1   localhost localhost.localdomain localhost4 localhost4.
localdomain4
::1         localhost localhost.localdomain localhost6 localhost6.
localdomain6
```

（5）DNS 服务配置文件：/etc/resolv.conf

/etc/resolv.conf 文件用于配置 DNS 客户端，它包含了主机的域名搜索顺序和 DNS 服务器的地址。每一行包括一个关键字和一个或多个由空格隔开的参数。

基本格式：nameserver 域名服务器的 IP 地址。

如果列出多个域名服务器，解析器会按照顺序解析它们；如果没有域名服务器，则默认使用本地的配置。

5. 地址解析命令

（1）host：内容相对简略。

（2）dig：解析信息相对详细。

命令操作如下：

```
[root@localhost home]# host  www.baidu.com
www.baidu.com is an alias for www.a.shifen.com.
www.a.shifen.com has address 220.181.38.150
```

```
www.a.shifen.com has address 220.181.38.149
# 省略其余内容……
[root@localhost home]# dig  www.baidu.com
; <<>> DiG 9.11.4-P2-RedHat-9.11.4-26.P2.el7_9.13 <<>>
www.baidu.com
;; global options: +cmd
;; Got answer:
;; ->>HEADER<<- opcode: QUERY, status: NOERROR, id: 6809
;; flags: qr rd ra; QUERY: 1, ANSWER: 3, AUTHORITY: 0, ADDITIONAL: 0
;; QUESTION SECTION:
;www.baidu.com.          IN  A
;; ANSWER SECTION:
www.baidu.com.      5   IN  CNAME  www.a.shifen.com.
www.a.shifen.com.5  IN  A   220.181.38.150
www.a.shifen.com.5  IN  A   220.181.38.149
```

（3）nslookup：解析测试命令，可以进行正向及反向解析测试。

格式：nslookup 域名 或 nslookup IP 地址

命令操作如下：

```
[root@localhost home]# nslookup www.baidu.com
Server:    192.168.91.2
Address:   192.168.91.2#53
Non-authoritative answer:
www.baidu.com   canonical name = www.a.shifen.com.
Name:      www.a.shifen.com
Address:   220.181.38.150
Name:      www.a.shifen.com
Address:   220.181.38.149
```

6. 安装 DNS 服务所需的软件包

DNS 服务所需的软件包包括 bind（ DNS 服务器软件包 ）、bind-utils（ 客户端 DNS 测试工具包 ），以及 dig、nslookup 等。

微课 8-6
DNS 服务软件包

7. 防火墙配置

防火墙默认是不允许 DNS 服务通过的，管理员需要手动添加允许 DNS 服务通过的策略。

```
systemctl start firewalld       // 开启防火墙
firewall-cmd --get-services     // 显示防火墙预定义的服务（可找
                                   到 DNS）
firewall-cmd --permanent --add-service=dns // 运行 DNS 服务
                                              通过
```

微课 8-7
防火墙配置

```
firewall-cmd --reload        // 重新载入防火墙
```

项目实施

以下各任务的操作环境为：VMvare 虚拟机，Red Hat Enterprise Linux 8 操作系统。DNS 服务器主机名为 localhost，联网模式为 NAT，其静态 IP 地址为 192.168.91.122。

任务 8.1   安装域名解析服务

微课 8-8
安装 DNS 服务

首先完成联网模式的设置，并配置静态的 IP 地址以实现网络连通，然后使用 YUM 工具完成 DNS 服务包的安装。

步骤 1   设置虚拟机联网模式

单击"虚拟网络编辑器"按钮，在弹出的窗口中选择"NAT 模式"选项，单击"NAT 设置"按钮，在"NAT 设置"窗口中记录网关 IP 地址，如图 8-3 所示。

图 8-3   设置联网模式

步骤 2   配置 DNS 服务器的静态 IP

编辑 /etc/sysconfig/network-scripts 目录下 "ifcfg-en" 开头的网卡配置文件，命令如下：

```
# 省略其余内容……
BOOTPROTO=static
IPADDR=192.168.91.122
```

```
NETWORK=255.255.255.0
GATEWAY=192.168.91.2
DNS1=114.114.114.114
DNS2=8.8.8.8
ONBOOT=yes
# 省略其余内容……
```

步骤 3　重启网卡服务

RedHat 8 不再使用之前的 Network 服务，而以 NetworkManager 代替，命令如下：

```
[root@localhost ~]# systemctl restart NetworkManager
```

步骤 4　测试网络联通

```
[root@localhost ~]# ping -c 3 www.baidu.com
PING www.a.shifen.com (220.181.38.150) 56(84) bytes of data.
64 bytes from 220.181.38.150 (220.181.38.150): icmp_seq=1 ttl=128 time=20.7 ms
64 bytes from 220.181.38.150 (220.181.38.150): icmp_seq=2 ttl=128 time=15.1 ms
64 bytes from 220.181.38.150 (220.181.38.150): icmp_seq=3 ttl=128 time=19.9 ms
```

步骤 5　安装 DNS 服务包

Linux 通常使用 bind 来实现 DNS 服务器的架设，bind 服务的程序名称为"named"，监听的端口号为 53。

建议配置本地镜像 YUM 源以安装程序包，命令如下：

```
[root@localhost yum.repos.d]# yum  install  -y  bind*
```

查询主机已安装的 bind 软件包，命令如下：

```
[root@localhost ~]# rpm -qa|grep bind
# 省略其余内容……
bind-export-libs-9.11.26-3.el8.x86_64
bind-utils-9.11.26-3.el8.x86_64
keybinder3-0.3.2-4.el8.x86_64
bind-export-devel-9.11.26-3.el8.x86_64
bind-sdb-9.11.26-3.el8.x86_64
bind-pkcs11-9.11.26-3.el8.x86_64
# 省略其余内容……
```

任务 8.2　配置域名解析

分别按顺序编辑配置主配置文件、区域配置文件、正反向解析数据文件，需要认真核对相应文件的分项，该任务操作是实现 DNS 域名解析的关键。

步骤 1　编辑主配置文件

微课 8-9
重难点解析：配置 DNS 解析文件

bind 主配置文件为 /etc/named.conf，主要用于配置区域，并指定区域数据库文件名称，命令如下：

```
[root@localhost~]vim/etc./named.conf
# 省略其余内容……
options {
        listen-on port 53 { any; };
        listen-on-v6 port 53 { ::1; };
        directory            "/var/named";
        dump-file            "/var/named/data/cache_dump.db";
        statistics-file      "/var/named/data/named_stats.txt";
        secroots-file        "/var/named/data/named.secroots";
        recursing-file       "/var/named/data/named.recursing";
        allow-query          { any; };
# 省略其余内容……
```

以上 listen-on port 53 处的"any"表示允许监听任何 IP 地址，allow-query 处的"any"表示允许任何主机进行查询。

步骤 2　配置区域配置文件

区域文件中已经存有一些默认信息，可以直接在该文件末尾添加配置信息，命令如下：

```
[root@localhost ~]# vim /etc/named.rfc1912.zones
# 省略其余内容……
zone "myschool.com" IN {
        type master;
        file "myschool.local";
        allow-update { none; };
};
zone "91.168.192.in-addr.arpa" IN {
        type master;
        file "myschool.zone";
        allow-update { none; };
};
```

步骤 3　配置正向解析数据文件

可以在文件中编辑配置多个服务器域名，命令如下：

```
[root@localhost etc]# cd /var/named/
[root@localhost named]# ls -l named.localhost
-rw-r-----. 1 root named 152 Feb 15  2021 named.localhost
[root@localhost named]# cp -a named.localhost myschool.local
[root@localhost named]# vim myschool.local
$TTL  1D
@     IN   SOA   ns.myschool.com.   root.myschool.com. (
                                    0          ; serial
                                    1D         ; refresh
                                    1H         ; retry
                                    1W         ; expire
```

```
                                          3H )        ; minimum
@       IN    NS      ns.myschool.com.
ns      IN    A       192.168.91.122
www     IN    A       192.168.91.122
mail    IN    A       192.168.91.122
```

步骤 4 配置反向解析数据文件

对应正向解析数据文件，设置对应的服务器信息，命令如下：

```
[root@localhost named]# cp -a named.loopback myschool.zone
[root@localhost named]# vim myschool.zone
$TTL  1D
@          IN   SOA    ns.myschool.com. root.myschool.com. (
                                          0        ; serial
                                          1D       ; refresh
                                          1H       ; retry
                                          1W       ; expire
                                          3H )     ; minimum
@       IN    NS      ns.myschool.com.
ns      IN    A       192.168.91.122
122     IN    PTR     www.myschool.com.
122     IN    PTR     mail.myschool.com.
```

操作要规范，小鹅有提醒

在配置反向配置数据文件时，尤其需要注意核对该文件配置分项内容与区域配置文件分项、正向解析数据文件分项的内容是否一致。

任务 8.3   测试域名联网

在完成 DNS 服务安装和相应文件的配置之后，需要先进行数据文件的检测，设置防火墙为暂时关闭，然后分别进行正反向域名的解析测试，实现正常的联网访问。

微课 8-10
测试域名解析

步骤 1 验证配置数据文件是否合格

正向解析数据文件检测的命令如下：

```
[root@localhost named]# named-checkzone myschool.local /var/named/
myschool.local
zone myschool.local/IN: loaded serial 0
OK
```

反向解析数据文件检测的命令如下：

```
[root@localhost named]# named-checkzone myschool.zone /var/named/
myschool.zone
zone myschool.zone/IN: loaded serial 0
OK
```

需要特别注意的是，解析文件中域名末尾的根域符号"."必不可少。

步骤 2　编辑 DNS 文件

将域名指向自己主机的 IP 地址，添加该文件，命令如下：

```
[root@localhost ~]# vim /etc/resolv.conf
# Generated by NetworkManager
nameserver 192.168.91.122
```

步骤 3　关闭防火墙服务

关闭防火墙的命令如下：

```
[root@localhost ~]# systemctl stop firewalld.service
```

步骤 4　重启 DNS 服务，并查看服务状态是否正常

重启 DNS 服务，并查看服务状态是否正常的命令如下：

```
[root@localhost ~]# systemctl restart named
[root@localhost ~]# systemctl status named
  named.service - Berkeley Internet Name Domain (DNS)
  Loaded: loaded (/usr/lib/systemd/system/named.service; disabled; vendor
pres>
  Active: active (running) since Tue 2023-06-06 05:59:02 PDT; 12s ago
```

步骤 5　测试

通过 nslookup 命令进行内外网域名正反向解析测试，命令如下：

```
[root@localhost named]# nslookup
> www.myschool.com
Server:    192.168.91.122
Address:   192.168.91.122#53
Name:      www.myschool.com
Address: 192.168.91.122
> 192.168.91.122
122.91.168.192.in-addr.arpa   name = mail.myschool.com.91.168.192.in-addr.arpa.
122.91.168.192.in-addr.arpa   name = www.myschool.com.91.168.192.in-addr.arpa.
[root@localhost ~]# nslookup www.baidu.com
Server:    192.168.91.122
Address:   192.168.91.122#53
Non-authoritative answer:
www.baidu.com   canonical name = www.a.shifen.com.
Name:      www.a.shifen.com
Address:   220.181.38.150
```

```
Name:      www.a.shifen.com
Address: 220.181.38.149
```

项目总结

经过本项目的部署操作，网络管理员小李的团队完成了搭建校园内部 DNS 服务器的任务。借助于此项目，学生们从架构、技术支撑、安全访问等多维度理解了 DNS 的概念，初步掌握了 DNS 服务器的架设、安装及配置，最终通过测试，实现了校园内部网络域名的正反向解析。同时，该项目进一步培养了学生审慎周密的良好学习态度，培养了学生居安思危的网络安全意识。

课后练习

1. 选择题

（1）记录根 DNS 服务器地址的文件是（　　　）。

    A. /etc/resolv.conf　　　　　　　　B. /etc/hosts

    C. /var/named/named.ca　　　　　　D. /etc/named.conf

（2）使用 systemctl 命令重启 named 服务，需要使用（　　　）命令操作。

    A. status　　　　　　　　　　　　B. restart

    C. start　　　　　　　　　　　　　D. stop

2. 填空题

（1）DNS 服务的主配置文件是_____，DNS 服务默认的工作端口号是_____。

（2）全世界目前有_____台根域名服务器。

（3）客户机向 DNS 服务器查询属于_____查询，DNS 服务器向其他服务器查询属于_____查询。

3. 简答题

（1）简述 DNS 的基本工作过程。

（2）简述保障 DNS 安全的重要意义。

4. 实操题

为了满足更多用户的需要，在前面主 DNS 服务器的基础上，需要进一步配置 DNS 从服务器：从服务器可以从主服务器上抓取指定区域的数据文件，起到备份解析记录与负载均衡的作用。

操作提示：

（1）主从服务器必须彼此联通。

（2）在主服务器的区域配置文件中，允许该从服务器的更新请求，即将 allow-update 设置为从服务器的 IP 地址；然后重启主服务器的 DNS 服务。

课后练习答案
项目 8

（3）在从服务器上填写主服务器的 IP 地址和要抓取的区域信息，服务类型应为 slave，file 处填写同步的数据配置文件，然后重启服务。

（4）设置从服务器的主配置文件。

（5）修改从服务器的 DNS 记录，只保留从服务器的 IP 地址。

（6）进行解析测试。

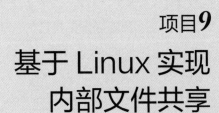

项目**9**

基于 Linux 实现
内部文件共享

学习目标

知识目标

- 了解 NFS 的由来
- 了解 NFS 的工作原理
- 掌握 /etc/exports 文件的配置方法
- 掌握 showmount 命令的用法
- 掌握 autofs 服务的用法

能力目标

- 能够完成 NFS 服务器端配置
- 能够完成 NFS 客户端配置

素养目标

- 通过介绍 NFS 技术的由来，培养学生探求新技术的优良学风，营造创新氛围
- 通过高校孵化的高新技术企业的项目场景，培养学生的技术创新意识，为完善科技创新体系贡献自己的力量
- 通过为创新型企业搭建 NFS 服务器的项目案例，引导学生树立合作共赢的观念，推动建设开放包容的世界

项目描述

思维导图
项目 9

　　某高校孵化的创新型企业计划把前端 Web 服务的共享存储做成 NFS 服务器，存储的内容包括网站用户上传的图片、附件、头像等。通过 NFS 协议，该服务器向客户端提供空间的共享访问，使得远程主机的目录就好像是自己的一个磁盘分区一样。请根据该项目的如下要求完成相应的 NFS 部署。

　　（1）将 NFS 服务器的 IP 地址设置为 192.168.100.3。

　　（2）在 NFS 服务器端，把 /sharedir 目录设置为共享目录，权限为可读写，并且不限制用户身份，共享给 192.168.100.0/24 该网段中的所有客户端。

　　（3）将 NFS 客户端 1 的 IP 地址设置为 192.168.100.128。

　　（4）在 NFS 客户端 1 创建 /home/nfsdir 目录，设置其为挂载目录，并挂载 NFS 服务器的共享目录。

　　（5）将 NFS 客户端 2 的 IP 地址设置为 192.168.100.129。

　　（6）在 NFS 客户端 2 使用 autofs 服务，将 NSF 文件系统自动挂载到 /home/nfsdir。

知识学习

1. NFS 简介

基于 Linux 实现
内部文件共享

PPT

微课 9-1
NFS 的由来

　　NFS（Network File System）其目的是让不同的计算机、操作系统之间可以共享文件，让用户像使用本地资源一样读写远程的共享文件。经历了将近 40 年的发展，NFS 由一个实验文件系统逐渐演变成一个非常稳定的、可移植的、高性能的网络文件系统，成为当前主流的共享文件系统之一。

2. NFS 的工作原理

教学设计
基于 Linux 实现
内部文件共享

　　NFS 服务可以将远程服务器共享的目录挂载到本地文件系统中，在本地 Linux 主机看来，NFS 所共享的目录就像是自己的一个磁盘分区，使用十分方便，其工作原理的示意图如图 9-1 所示。

　　将本地 Linux 主机称为 NFS 客户端，将远程主机称为 NFS 服务器。NFS 服务通过网络来实现服务器和客户端之间的数据传输，而网络通信的过程离不开端口，实际上 NFS 服务器是随机分配端口来进行数据传输的。那么 NFS 客户端又是如何知道 NFS 服务器到底使用的是哪个端口呢？这时就需要

NFS Server
发布共享目录

NFS Client1　　　　　　　　　　　　　　NFS Client2
通过本地挂载目录访问服务器的共享目录　　通过本地挂载目录访问服务器的共享目录

图 9–1　NFS 工作原理的示意图

使用远程过程调用 RPC 协议来实现了。

　　RPC 是用来统一管理 NFS 端口的服务，它把服务器的 NFS 端口发送到客户端，让客户端可以连接到正确的端口进行通信。NFS 服务器会先启动 RPC，再启动 NFS，启动 NFS 时会主动把随机选择的端口（小于 1024）向 RPC 注册。NFS 客户端和服务器通过 RPC 来确定使用了哪些端口，之后再利用这些端口进行数据传输。

　　当 NFS 客户端访问服务器的共享文件时，具体的流程如下：

　　（1）服务器启动 RPC 服务，随之启动 NFS 服务，并向 RPC 注册端口信息。

　　（2）客户端向服务器的 RPC 服务发送 NFS 文件访问请求。

　　（3）服务器的 RPC 服务找到对应的 NFS 端口信息后，通知给客户端。

　　（4）客户端通过获取的 NFS 端口连接到服务器，并进行数据的传输。

3.　NFS 的配置文件

/etc/exports 是 NFS 的配置文件，可以在该文件里指定共享目录，并设置可以访问共享目录的主机以及相应的权限。

　　参数格式：［共享的目录］［主机名或 IP（参数，参数）］。

　　权限参数说明见表 9–1。

表 9–1　权限参数说明

参数值	说　　　　明
ro	权限为只读
rw	权限为可读写
root_squash	当客户端使用 root 用户来访问共享目录时，会自动地映射成匿名用户，权限被降低
no_root_squash	当客户端使用 root 用户来访问共享目录时，保持 root 身份，权限不改变

续表

参数值	说　　明
all_squash	客户端无论使用何种身份登录，都会被映射成匿名用户
sync	数据会被同步写入到内存和磁盘中
async	数据被暂时保存到内存，不会直接写入磁盘

示例：把 /dir 目录共享给 192.168.100.0/24 网段内的所有 Linux 主机，让这些主机都拥有只读权限，保留 root 身份，同时将数据写入到内存与硬盘，命令如下：

```
[root@localhost ~]# vim /etc/exports
/dir  192.168.100.0/24(ro, no_root_squash, sync)
```

操作要规范，小鹅有提醒

修改 /etc/exports 文件后，是不需要重新启动 NFS 服务的。如果重新启动，还需要再向 RPC 注册端口信息，此时只需要执行 exportfs –arv 命令来重新挂载 /etc/exports 文件里的配置。

4. showmount 命令

微课 9–4
showmount 命令

如果想查询 NFS 服务器提供了哪些共享资源，则可以使用 showmount 命令。

命令格式：showmount 选项 [hostname|IP]。

showmount 命令常用选项及说明见表 9–2。

表 9–2　showmount 命令常用选项及说明

选项	说　　明
–e	显示 NFS 服务器所共享的目录信息
–v	显示版本号

示例：假设 NFS 服务器 IP 地址为 192.168.100.129，查询其提供了哪些共享资源命令如下：

```
[root@localhost ~]# showmount -e 196.168.100.129
```

示例：查询 showmount 命令的版本号，命令如下：

```
[root@localhost ~]# showmount -v
```

5.　自动挂载 autofs 服务

当网络不稳定时，NFS 服务器与客户端的连接可能会中断，如果 NFS 客户端把挂载信息写入到 /etc/fstab 中，任何一方的脱机都可能会造成另外一方的长时间等待。另外，当挂载的远程资源太多时，会给网络带宽和服务器的硬件资源带来很大负载，资源挂载后长期不使用，也会造成服务器硬件资源的浪费。那么有没有一种服务，可以让客户端在需要使用服务器共享资源时让系统自动挂载，当使用完毕后，让系统自动卸载呢？

微课 9-5
重难点透析：
自动挂载
autofs 服务

autofs 自动挂载服务可以帮用户实现这些功能。与 mount 命令不同，autofs 服务是一种 Linux 系统守护进程，当用户访问一个尚未挂载的文件系统时，autofs 服务会检测到并自动挂载该文件系统。autofs 在用户需要时才去动态挂载，从而节约了网络资源和服务器的硬件资源。

autofs 的使用方法很简单，只需要配置好主配置文件和子配置文件即可。主配置文件是 /etc/auto.master，在该文件中指定挂载目录和子配置文件。挂载目录是设备挂载位置的上一级目录，对应的子配置文件是对该挂载目录内的挂载设备信息的进一步说明，包括挂载目录、挂载文件类型、服务器共享目录。子配置文件需要用户自行定义，建议以 .misc 结尾。

示例：编辑主配置文件，指定挂载的上一级目录为 /mnt，子配置文件为 /etc/autonfs.misc，命令如下：

```
[root@localhost ~]# vim /etc/auto.master
/mnt        /etc/autonfs.misc
```

示例：假设远程 NFS 服务器 IP 地址为 192.168.100.129，把该服务器上的 /sharedir 目录挂载至本地 /mnt/nfsdir 目录下，挂载类型为 nfs。编辑子配置文件，从左到右依次填写挂载目录、挂载文件类型、服务器 IP 地址及共享目录，命令如下：

```
[root@localhost ~]# vim /etc/autonfs.misc
nfsdir  -ftype=nfs  192.168.100.129:/sharedir
```

操作要规范，小鹅有提醒

挂载目录 nfsdir 不需要事先存在，autofs 服务会自动创建该目录。

项目实施

根据项目的具体要求，需要把前端 Web 服务的共享存储做成 NFS 服务器，可分成 3 个任务来完成项目中的 NFS 部署。

任务 9.1 配置 NFS 服务器

微课 9-6
配置 NFS 服务器

设置 Linux 服务器的 IP 地址为 192.168.100.3，具体办法参考项目 5，可通过 ip addr 命令来确认 IP 地址是否配置正确。

```
[root@localhost ~]# ip addr show ens160
 2: ens160: <BROADCAST,MULTICAST,UP,LOWER_UP> mtu 1500
qdisc mq state UP group default qlen 1000
    link/ether 00:0c:29:6d:5a:52 brd ff:ff:ff:ff:ff:ff
      inet 192.168.100.3/24 brd 192.168.100.255 scope global
noprefixroute ens160
       valid_lft forever preferred_lft forever
      inet6 fe80::20c:29ff:fe6d:5a52/64 scope link
       valid_lft forever preferred_lft forever
```

步骤 1 安装 NFS 软件包

要使用 NFS 服务，必须先安装好 rpcbind 和 nfs-utils 两个软件，它们分别是 RPC 服务和 NFS 服务的主程序。RHEL 8 系统中默认已经安装了 NFS 服务，可以使用 dnf 命令进行验证，命令如下：

```
[root@localhost ~]# dnf list installed |grep 'rpcbind'
rpcbind.x86_64            1.2.5-8.el8                @base
[root@localhost ~]# dnf list installed |grep 'nfs-utils'
nfs-utils.x86_64          1:2.3.3-46.el8             @base
```

如果没有安装，则可以使用 dnf install 命令来进行安装，命令如下：

```
[root@localhost ~]# dnf install -y nfs-utils
# 省略其余内容……
安装   8 软件包
升级   1 软件包
总下载:1.3 M
下载软件包:
# 省略其余内容……
已安装:
gssproxy-0.8.0-19.el8.x86_64         keyutils-1.5.10-9.el8.x86_64
libverto-libevent-0.3.0-5.el8.x86_64  nfs-utils-1:2.3.3-46.el8.x86_64
python3-pyyaml-3.12-12.el8.x86_64    quota-1:4.04-14.el8.x86_64
quota-nls-1:4.04-14.el8.noarch       rpcbind-1.2.5-8.el8.x86_64
完毕!
```

步骤 2 创建共享目录

NFS 服务器会将自己的目录共享给客户端，需要创建该共享目录，并设置足够的权限确保其他用户有写入权限。新建目录 /sharedir 作为共享目录，并对用户放开所有权限，命令如下：

```
[root@localhost ~]# mkdir /sharedir
```

```
[root@localhost ~]# chmod a=rwx /sharedir
[root@localhost ~]# ll -d /sharedir
drwxrwxrwx. 2 root root 6 5月  31 06:23 /sharedir
```

为了方便后面客户端测试，在 /sharedir 目录新建 test 文件，其内容为 "hello nfs"，命令如下：

```
[root@localhost ~]# cd /sharedir
[root@localhost sharedir]# echo 'hello nfs' >test
[root@localhost sharedir]# cat test
hello nfs
```

步骤 3   修改配置文件

通过 Vim 编辑器修改 /etc/exports 文件的内容，把 /sharedir 目录共享给 192.168.100.0/24 网段内的所有 Linux 主机，让这些主机都拥有读写权限，不限制 root 用户登录，命令如下：

```
[root@localhost ~]# vim /etc/exports
/sharedir  192.168.100.0/24(rw,no_root_squash)
```

步骤 4   启动 NFS 服务

配置好文件后，就可以启动 NFS 服务了。由于在使用 NFS 服务进行文件共享之前，需要使用 RPC 服务将 NFS 服务器端口号发送给客户端。因此，在启动 NFS 服务之前，还需要先启用 rpcbind。为了简化配置，先关闭防火墙和 SElinux，具体操作如下：

```
# 关闭防火墙
[root@localhost ~]# systemctl stop firewalld
# 禁止防火墙开机启动
[root@localhost ~]# systemctl disable firewalld
# 临时关闭 SElinux
[root@localhost ~]# setenforce 0
# 启动 rpcbind 服务
[root@localhost ~]# systemctl start rpcbind
# 设置 rpcbind 服务开机启动
[root@localhost ~]# systemctl enable rpcbind
# 启动 nfs 服务
[root@localhost ~]# systemctl start nfs-server
# 设置 nfs 服务开机启动
[root@localhost ~]# systemctl enable nfs-server
```

任务 9.2   配置 NFS 客户端

新建两台虚拟机作为 NFS 客户端，将其 IP 地址分别设置为 192.168.100.128、192.168.100.129。

微课 9-7
配置 NFS 客户端

步骤 1　启动 rpcbind 服务

NFS 客户端若想正常访问服务器，则必须要确认本地端已经启动了 rpcbind 服务，确认过程如下：

```
[root@localhost ~]# systemctl status rpcbind
● rpcbind.service - RPC bind service
    Loaded: loaded (/usr/lib/systemd/system/rpcbind.service;
enabled; vendor preset: enabled)
    Active: active (running) since
# 省略其余内容……
```

命令的执行结果包含 "Active: active (running)"，则表明 rpcbind 已经正常启动。如果 rpcbind 服务没有正常开启，则需要在两台客户端上手动启动服务，命令如下：

```
# 启动 rpcbind 服务
[root@localhost ~]# systemctl start rpcbind
# 设置 rpcbind 服务开机启动
[root@localhost ~]# systemctl enable rpcbind
```

步骤 2　查看共享资源

已知 NFS 服务器的 IP 地址为 192.168.100.3，需要在客户端查看该服务器所共享的目录资源，可使用 showmount 命令来完成该查询，命令如下：

```
[root@localhost ~]# showmount -e 192.168.100.3
Export list for 192.168.100.3:
/sharedir 192.168.100.0/24
```

步骤 3　挂载共享资源

通过 showmount 命令可知 NFS 服务器提供了哪些共享资源，如果想使用这些资源，则需要对其挂载，可对客户端 1 采用手动挂载方式。

首先创建一个挂载目录 /home/nfsdir，可以使用 mount 命令临时挂载，使用 "-t" 选项指定文件系统类型为 nfs，第一个参数为服务器的 IP 地址、服务器上的共享目录，第二个参数为客户端的挂载目录。具体操作如下：

```
[root@localhost ~]# mkdir -p /home/nfsdir
[root@localhost ~]# mount -t nfs 192.168.100.3:/sharedir /home/nfsdir
```

如果想永久挂载，则需要修改 /etc/fstab 文件，具体操作如下：

```
[root@localhost ~]# vim /etc/fstab
# /etc/fstab
# Created by anaconda on Thu Dec 17 19:00:59 2020
/dev/mapper/centos-root /                             xfs     defaults    0 0
UUID=e1e91886-ae6e-4ced-a108-a97e90f6acd2 /boot  xfs     defaults    0 0
/dev/mapper/centos-swap swap                       swap    defaults    0 0
192.168.100.3:/sharedir  /home/nfsdir              nfs     defaults    0 0
```

```
[root@localhost ~]# mount -a
```

现在即可通过挂载目录 /home/nfsdir 来访问 NFS 服务器的共享资源了，具体操作如下：

```
[root@localhost ~]# cd /home/nfsdir/
[root@localhost nfsdir]# ls
test
[root@localhost nfsdir]# cat test
hello nfs
[root@localhost nfsdir]#
```

任务 9.3　实现自动挂载

autofs 服务是在用户需要使用文件系统时才去动态挂载，从而节约了网络资源和服务器的硬件资源。考虑到使用自动挂载的各种优点，决定让 NFS 客户端 2（IP 地址为 192.168.100.129）采用自动挂载的方式，动态地去挂载 NFS 服务器的共享资源目录，具体步骤如下。

微课 9-8
实现自动挂载

步骤 1　下载安装 autofs 软件

若要通过 autofs 服务来自动挂载 NFS 服务器共享资源，则需要先下载、安装 autofs 软件，命令如下：

```
[root@localhost ~]# dnf install -y autofs
# 省略其余内容……
==============================================================
 Package        架构          版本              源          大小
==============================================================
正在安装：
 autofs        x86_64    1:5.0.7-116.el7_9.1   updates     834 k
==============================================================
# 省略其余内容……
Installed products updated.
已安装：
  autofs-1:5.1.4-74.el8.x86_64
完毕！
```

步骤 2　编辑主配置文件

编辑 autofs 的主配置文件 /etc/auto.master，在该文件中指定挂载目录和子配置文件，此处指定挂载目录的上一级目录为 /home，子配置文件为 /etc/autofs.misc，命令如下：

```
[root@localhost ~]# vim /etc/auto.master
# Sample auto.master file
```

```
# This is a 'master' automounter map and it has the following format:
# mount-point [map-type[,format]:]map [options]
# For details of the format look at auto.master(5).
#
/misc        /etc/auto.misc
/home        /etc/autonfs.misc
```

步骤 3 编辑子配置文件

通过 Vim 编辑器打开子配置文件，从左到右依次填写挂载目录、挂载文件类型、服务器共享目录，命令如下：

```
[root@localhost ~]# vim /etc/autonfs.misc
nfsdir  -ftype=nfs  192.168.100.3:/sharedir
```

步骤 4 启动 autofs 服务

最后启动 autofs，并把该服务设置为开机启动，通过 df 命令来确认 NFS 共享资源有没有挂载成功，命令如下：

```
# 启动 autofs 服务
[root@localhost ~]# systemctl start autofs
# 设置 autofs 服务开机启动
[root@localhost ~]# systemctl enable autofs
[root@localhost ~]# df -hT
文件系统                              类型  容量  已用  可用  已用   挂载点
192.168.100.3:/sharedir              nfs4  17G   1.9G  16G   11%   /home/nfsdir
# 省略其余内容……
```

操作要规范，小鹅有提醒

如果 df 命令的执行结果不显示动态挂载目录，则可以使用 cd 命令切换至挂载目录，然后再次执行 df 命令即可看到。动态挂载意味着目录只有在使用时才会被挂载。

项目总结

通过本项目成功地实现了某高校孵化的创新型企业多个 Linux 主机之间的文件共享功能，提高了数据的利用率和访问效率，掌握了 NFS 服务器端、客户端的配置方法和 autofs 自动挂载技术的使用方法。需要注意的是，在部署 NFS 服务时，要选择合适的权限选项，以保证数据的安全性和完整性。在使用 NFS 服务时，需要设置网络环境和防火墙，以保证数据的可用性和稳定性。在优化 NFS 服务时，可以使用自动挂载技术，以节约网络带宽和硬件资源。

课后练习

1. 选择题

（1）NFS 是（　　）系统。

　　A. 文件　　　　　　　　　　　　B. 磁盘

　　C. 操作　　　　　　　　　　　　D. 网络文件

（2）使用 showmount 命令的（　　）选项查看 NFS 服务器的共享目录列表。

　　A. –e　　　　　　B. –a　　　　　　C. –d　　　　　　D. –v

（3）NFS 的配置文件是（　　）。

　　A. /etc/profile　　　B. /etc/yum　　　C. /etc/exports　　　D. /etc/auto

（4）（　　）服务是用来统一管理 NFS 端口的，它把服务器的 NFS 端口告诉客户端，让客户端可以连接到正确的端口进行通信。

　　A. autofs　　　　　B. RPC　　　　　C. systemd　　　　　D. fiewalld

（5）当用户访问一个尚未挂载的文件系统时，会检测到并自动挂载该文件系统的服务是（　　）。

　　A. systemd　　　　B. fiewalld　　　C. autofs　　　　D. RPC

2. 填空题

（1）autofs 的主配置文件是 /etc/auto.master，在该文件中指定_____和_____。

（2）如果想查询 NFS 服务器提供了哪些可用的资源，使用的命令是_____。

（3）用户可以在 /etc/exports 文件里指定_____，并设置可以访问共享目录的主机以及相应的_____。

3. 简答题

（1）简述 NFS 的工作原理。

（2）列举 /etc/exports 文件里常用的权限参数以及各自代表的含义。

4. 实操题

企业打算在存储服务器新建共享资源，供客户端 1（IP 地址为 192.168.100.128）单独使用，具体要求如下：

（1）在服务器端新建一个共享目录 /nfs，该目录放开所有权限。

（2）只允许 192.168.100.128 客户端访问，访问权限为只读，保留客户端 root 用户访问权限。

请在 NFS 服务器和客户端做相应的配置，使客户端能够正常访问服务器的共享资源。

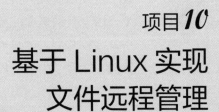

项目 10

基于 Linux 实现
文件远程管理

学习目标

项目描述

思维导图
项目 10

　　A 公司为一家成立十余年的软件开发公司，拥有五个项目研发组和数十位技术研发人员，研发项目达数百个，具有丰富的研发经验。现在 A 公司为吸纳培养一批青年科技人才，加强青年科技人才储备，与当地一家高校开展人才培养合作，面向该校计算机专业学生开放公司自主研发的、适合学生现阶段学习的与技术文档、工作流程、研发经验相关的学习资源，供学生免费下载学习。

　　请根据以下要求在 A 公司 Linux 服务器中搭建一个 FTP 文件远程管理系统：

　　（1）安装 FTP 服务端软件 vsftpd。

　　（2）创建学习资源的存放目录 /home/local_student/ftp。

　　（3）为学生创建 vsftpd 登录账号 student。

　　（4）基于公司数据安全考虑，服务器学习资源存放目录仅支持学生通过 vsftpd 账号登录后访问，且仅有下载权限，无上传和创建权限，其他人员无任何访问权限。

知识学习

1. FTP

基于 Linux 实现
文件远程管理

PPT

教学设计
基于 Linux 实现
文件远程管理

　　（1）基本概念

　　FTP（File Transfer Protocol，文件传输协议）是典型的 C/S 架构的应用层协议，由客户端和服务端建立连接实现文件传输功能。FTP 客户端和服务端之间的连接是可靠的，为数据的传输提供安全保证。

　　FTP 端口号为 20 和 21，20 号端口用于传输数据，21 号端口用于传输指令。

　　（2）传输方式

　　FTP 具有两种传输方式：ASCII 码传输方式和二进制码传输方式。

　　1）ASCII 码传输方式

　　将文件内容转换为 ASCII 码传输，适用于传输文本文件。

　　2）二进制码传输方式

　　将文件内容转换为二进制码传输，适用于传输程序文件。

　　（3）工作模式

　　FTP 支持两种工作模式：Standard 模式（PORT，主动模式）和 Passive 模式（PASV，被动模式）。

微课 10-1
FTP 协议

　　1）Standard 模式

　　FTP 客户端通过向 FTP 服务器发送 PORT 命令，通知服务器 FTP 客户端用于传输数据的临时端口号。当需要传送数据时，服务器主动通过 TCP20 端口与客户端临时端口建立传输通道，进行数据传输。

　　2）Passive 模式

　　FTP 客户端向 FTP 服务器发送 PASV 命令，服务器会打开一个临时端口并通知客户端该端口号。当需要传送数据时，客户端主动与服务器临时端口建立传输通道，进行数据传输。

　　简单来说，主动模式是服务器主动发起数据连接，被动模式是服务器被动等待数据连接。

2. vsftpd 软件

　　（1）vsftpd 简介

　　vsftpd（very secure FTP daemon）是一款免费的、开源的 FTP 服务器软件，是 Linux 发行版中主流的 FTP 服务器软件，其特点是小巧轻快、安全易用，支持虚拟用户、带宽限制等功能，具有较高的安全性。

微课 10-2
FTP 服务端软
件 vsftpd

　　（2）vsftpd 用户类别

　　Vsftpd 具有三种用户类型：匿名用户、本地用户和虚拟用户。

　　1）匿名用户

　　vsftpd 默认开启匿名用户访问功能，默认匿名用户为 anonymous 或 ftp，密码为空，匿名用户登录后进入的工作目录是 /var/ftp。

　　2）本地用户

　　使用服务器本地用户登录 vsftpd，本地用户信息存储在系统 /etc/passwd 文件中，本地用户通过系统用户名和密码登录 vsftpd，登录后进入该用户的主目录。

　　3）虚拟用户

　　使用虚拟用户登录 vsftpd，即使用 vsftpd 服务器账号，该账号只能用于文件传输服务的专有用户，也称为 Guest 用户。

　　（3）vsftpd 配置文件

　　vsftpd 配置文件存放目录为 /etc/vsftpd，主要配置文件有以下 4 种。

　　1）主配置文件

　　vsftpd.conf 文件是 vsftpd 的主配置文件，可以用来配置资源目录、用户访问权限等内容，常用配置项及说明见表 10-1。

表 10-1　vsftpd.conf 常用配置项及说明

配置项	说　　明
anonymous_enable	是否允许匿名用户登录
local_enable	是否允许本地用户登录
write_enable	是否允许写入

续表

配置项	说　　明
local_umask	本地用户创建文件的 umask 值
anon_upload_enable	是否允许匿名用户上传文件
anon_mkdir_write_enable	是否允许匿名用户建立目录
xferlog_enable	是否激活日志功能
chown_uploads	修改匿名用户上传文件的所有者
chroot_local_user	是否将所有用户限制在其主目录
chroot_list_enable	是否启用目录访问权限配置名单
userlist_deny	是否启用用户登录权限配置名单

2）黑名单配置文件

ftpusers 文件用于指定不能访问 vsftp 服务器的用户列表，即黑名单，文件中每行对应一名用户信息。

3）黑 / 白名单配置文件

user_list 文件同样用于设置用户访问 vsftpd 的权限，与 ftpusers 文件不同的是，user_list 文件既可以做黑名单，也可以做白名单。

在 vsftpd.conf 配置文件中，当 userlist_deny=YES 时，user_list 中记录的用户将无法登录 vsftpd 服务；当 userlist_deny=NO 时，user_list 中记录的用户能够访问 vsftpd 服务。

4）目录访问权限配置文件

默认情况下，匿名用户只能访问 /var/ftp 目录，而本地用户却可以访问其主目录以外的目录，通过 chroot_list 文件可以限制用户只能访问其主目录，也可以允许用户访问其主目录以外的目录。

在 vsftpd.conf 配置文件中，当 chroot_list_enable=YES 时，chroot_list 中记录的用户只能访问其主目录；当 chroot_list_enable=NO 时，chroot_list 中记录的用户可以访问其主目录以外的目录。

3. FTP 客户端常用软件

软件市场中拥有众多免费开源的 FTP 客户端软件，下面介绍几款常用的免费 FTP 客户端软件。

（1）FileZilla

FileZilla 是一款免费开源，快速可靠，跨平台的 FTP、FTPS 和 SFTP 客户端软件，具有图形用户界面（GUI）和很多实用的特性。

FileZilla 允许用户定制界面，使软件更贴合用户的使用习惯。在使

微课 10-3
FTP 客户端常用
软件

用站点管理器快速添加 FTP 站点时，FileZilla 会自动记录主机、密码、端口以及传输等设置，通过一次配置即可快速使用。对于高级用户来说，FileZilla 还提供了多标签、过滤器、目录对比、远程搜索等功能，让站点管理更简单。

（2）WinSCP

WinSCP 是 Windows 系统下非常流行的一款免费 FTP 和 SFTP 客户端软件，其特性包括经典和易用的图形界面、内置文本编辑器、支持常见选项与操作、自动脚本与任务、支持中文等。

WinSCP 具有非常实用的同步浏览功能，开启同步浏览，无论用户是在客户端上还是 FTP 服务器中操作，两端的目录都会自动保持同步。

（3）Xftp

Xftp 是 NetSarang 推出的一款 Windows 系统 FTP 客户端管理工具软件，除此之外 NetSarang 还发布过用户熟知的 Xshell SSH 工具。Xftp 是对 Xshell 的一个良好补充，可以让用户在执行命令的同时方便地在本地和服务器端之间传输文件，用户界面十分友好。

项目实施

本项目将基于 Linux 搭建 FTP 学习资源管理服务器，使学生能够通过服务器下载学习资源，下面分 3 个任务实现项目功能。

任务 10.1　安装并配置服务器管理软件 vsftpd

基于 Linux 安装 FTP 服务器端软件 vsftpd，分安装、配置和启动 3 个步骤实现。

微课 10-4
重难点透析：安
装配置 vsftpd

步骤 1　安装 vsftpd 服务器管理软件

通过 root 身份登录 Linux 服务器，使用 yum 命令安装 vsftpd 和相关依赖包，命令如下：

```
[root@localhost ~]# yum -y install vsftpd
# 省略安装过程……
```

安装完成后查看 vsftpd 版本信息，命令如下：

```
[root@localhost ~]# vsftpd -v
vsftpd: version 3.0.3
```

上面命令的执行结果中输出了 vsftpd 的版本信息，表示 vsftpd 安装成功。

步骤 2　配置 vsftpd 服务器管理软件

A 公司仅允许学生账号登录 vsftpd，且仅对学生账号给予下载权限。相关功能可以通过配置 vsftpd 的主配置文件（vsftpd.conf）实现。

在修改主配置文件前，需要先备份配置文件，避免配置出错时难以恢复，使用 cp 命令备份 vsftpd.conf，命令如下：

```
[root@localhost ~]# cp /etc/vsftpd/vsftpd.conf /etc/vsftpd/vsftpd.conf.back
```

使用 vim 命令打开 vsftpd.conf，添加 userlist_enable 配置项，启用 user_list 文件，设置仅限 user_list 记录的用户可以登录，命令如下：

```
[root@localhost ~]# vim /etc/vsftpd/vsftpd.conf
# 启用 user_list 文件
userlist_enable=YES
# 仅限 user_list 记录的用户登录
userlist_deny=NO
```

使用 vim 命令打开 user_list，添加学生账号 student（将在任务 10.2 中进行账号创建），命令如下：

```
[root@localhost ~]# vim /etc/vsftpd/user_list
# 学生账号
student
```

使用 vim 命令打开 vsftpd.conf，修改 write_enable 和 download_enable 配置项，设置学生账号仅有下载权限，命令如下：

```
[root@localhost ~]# vim /etc/vsftpd/vsftpd.conf
# 禁止用户的写权限
write_enable=NO
# 允许用户有下载权限
download_enable=YES
```

上面的配置虽然禁用了学生账号的写权限，但同时也禁用了其他用户的写权限。如果需要有多个 vsftpd 用户，其中既有用户是有写入权限，又有用户是有仅读权限，此时应该如何配置呢？

万事有诀窍，小鹅来支招

当 vsftpd 中有多个用户，且用户有不同权限时，可以为每个用户单独添加配置文件来实现多用户的权限管理。

通过配置 vsftpd.conf 文件中的 user_config_dir 配置项可以启用用户配置文件目录，在用户配置文件目录中创建与用户同名的配置文件，便可为每个用户单独配置权限。

使用 mkdir 命令创建用户配置文件目录，命令如下：

```
# 创建用户配置文件目录
[root@localhost ~]# mkdir /etc/vsftpd/user_config
```

使用 vim 命令打开 vsftpd.conf，添加用户配置文件目录配置项，命令如下：

```
[root@localhost ~]# vim /etc/vsftpd/vsftpd.conf
# 省略其他内容……
# 启用用户配置文件目录
user_config_dir=/etc/vsftpd/user_config
```

使用 vim 命令创建并打开学生用户配置文件 student，添加用户权限配置项目，命令如下：

```
[root@localhost ~]# vim /etc/vsftpd/user_config/student
# 禁止 student 用户写权限
write_enable=NO
```

使用 vim 命令打开 vsftpd.conf，修改用户写入权限配置项为 YES，命令如下：

```
[root@localhost ~]# vim /etc/vsftpd/vsftpd.conf
# 开启用户写权限
write_enable=YES
# 省略其他内容……
```

虽然将主配置文件中的 write_enable 重新设置为 YES，但是因为 student 用户配置文件的优先级高于 vsftpd.conf 配置文件，所以 student 用户的 write_enable 的权限设置最终为 NO。

另外需要注意，在修改配置文件后，需要重启 vsftpd 服务，否则配置不会立即生效。

操作要规范，小鹅有提醒

（1）权限管理的目标是确保只有被授权的人员才可以访问和使用组织的资源和信息，以帮助组织保护其机密信息，防止数据泄露和其他安全问题。

（2）养成备份的工作习惯，修改重要文件前应先进行备份，以避免数据丢失。

步骤 3　启动 vsftpd 服务器管理软件

在 Linux 默认防火墙配置中，vsftpd 的相关服务端口是禁止访问的，无法通过外部访问，因此需要修改防火墙配置放行 vsftpd 相关服务端口，并重启防火墙使配置生效，命令如下：

```
[root@localhost ~]# firewall-cmd --add-service=ftp --permanent
success
```

```
[root@localhost ~]# firewall-cmd --reload
success
```

使用 systemctl 命令启动 vsftpd 服务，命令如下：

```
[root@localhost ~]# systemctl start vsftpd
```

操作要规范，小鹅有提醒

防火墙是 Linux 操作系统的安全防线，在开放端口权限时，应通过修改防火墙配置来实现，切勿直接关闭防火墙。

任务 10.2 创建学生用户和资源目录

微课 10-5
创建学生用户和
资源目标

　　Vsftpd 具有匿名用户、本地用户和虚拟用户 3 种用户类型，其中匿名用户登录的安全性较低，容易导致服务器遭受攻击；本地用户是在 Linux 系统中通过 useradd 命令添加的用户，可以登录 vsftpd，但是同时也可以登录服务器；虚拟用户只能用于访问 vsftpd 服务，是在匿名用户的基础上添加了用户名和口令，相当于多了一层安全措施。

　　为了使 A 公司系统获得更高的安全性保障，应该要求学生用户使用虚拟用户登录公司 FTP 服务器，下面分 6 步创建学生虚拟用户并为其分配学习资源目录。

步骤 1　创建学生虚拟用户口令文件

新建虚拟用户口令文件，添加学生用户信息，口令文件中用户名称和密码相邻且各占一行，奇数行为用户名称，偶数行为用户密码，命令如下：

```
[root@localhost ~]# vim /etc/vsftpd/guest_user
student
stu@123456
```

步骤 2　生成学生虚拟用户口令认证文件

使用 db_load 命令（需确保服务器中已安装 db）生成虚拟用户口令认证文件，命令如下：

```
[root@localhost ~]# db_load -T -t hash -f /etc/vsftpd/guest_user /etc/
vsftpd/guest_user_db.db
[root@localhost ~]# ls /etc/vsftpd
guest_user guest_user_db.db vsftpd.conf vsftpd_conf_migrate.sh user_config
```

注意在添加或删除虚拟用户后，需要重新执行本步骤，生成虚拟用户口令认证文件。

步骤 3　配置 PAM 认证

PAM 认证文件目录为 /etc/pam.d，在该目录下创建 PAM 认证文件，添加学生虚拟用户认证信息，命令如下：

```
[root@localhost ~]# vim /etc/pam.d/ftp
auth required /lib64/security/pam_userdb.so db=/etc/vsftpd/guest_user_db
account required /lib64/security/pam_userdb.so db=/etc/vsftpd/guest_user_db
```

步骤 4　创建本地映射用户

vsftpd 虚拟用户本质上依赖于本地用户映射登录，因此需要同步创建一个本地映射用户，命令如下：

```
[root@localhost ~]# useradd local_student -s /sbin/nologin
```

添加 "–s /sbin/nologin" 的目的是禁止本地映射用户直接登录 Linux 系统。

步骤 5　创建学习资源目录

使用 mkdir 命令创建学习资源存放目录，并使用 chown 命令设置资源目录的属主为本地映射用户，命令如下：

```
[root@localhost ~]# mkdir -p /home/local_student/ftp
[root@localhost ~]# chown local_student /home/local_student/ftp
```

步骤 6　修改学生虚拟用户配置文件

在学生虚拟用户配置文件中添加数据根目录相关配置，数据根目录指向学习资源目录，且用户只能访问数据根目录中的内容，命令如下：

```
[root@localhost ~]# cp /etc/vsftpd/user_config/student /etc/vsftpd/user_config/student_back
[root@localhost ~]# vim /etc/vsftpd/user_config/student
# 省略其他内容……
# 设置数据根目录
local_root=/home/local_student/ftp
# 将用户限制在根目录 (将无法访问根目录外的其他目录)
allow_writeable_chroot=YES
```

使用 vim 命令打开 vsftpd.conf，添加虚拟用户相关配置，命令如下：

```
[root@localhost ~]# cp /etc/vsftpd/vsftpd.conf /etc/vsftpd/vsftpd.conf.back-2023-6-7
[root@localhost ~]# vim /etc/vsftpd/vsftpd.conf
# 省略其他内容……
# 启用 pam 认证
pam_service_name=ftp
# 启用虚拟用户
guest_enable=YES
# 虚拟用户映射本地用户
guest_username=local_student
# 虚拟用户与本地用户权限相同
virtual_use_local_privs=YES
```

> *# 省略其他内容……*

最后重启 vsftpd 服务，使配置生效，命令如下：

```
[root@localhost ~]# systemctl restart vsftpd
```

任务 10.3　远程连接学习资源服务器

微课 10-6
远程连接学习资
源服务器

用户使用的计算机大多数为 Windows 操作系统，因此本任务基于
Windows 操作系统安装 Xftp 客户端，连接 A 公司学习资源服务器。

下面通过安装 Xftp、连接 FTP 服务器和下载文件 3 个步骤来实现本
任务。

步骤 1　安装 Xftp

通过 Xftp 官网进入免费授权页面，填写姓名和邮箱信息并下载免费
版 Xftp，如图 10-1 所示。

图 10-1　免费授权下载页面

下载完成后打开 Xftp 安装包，根据提示默认安装即可。

步骤 2　连接 FTP 服务器

打开 Xftp，在顶部菜单栏依次单击"文件"→"新建"按钮，打开"新建会话属
性"对话框，在其中主机地址文本框中填写 FTP 服务器地址，在"协议"下拉列表中选
择"FTP"选项，最后输入用户名和密码登录，如图 10-2 所示。

步骤 3　远程下载学习资源

在学习资源服务器的资源目录中创建测试文件，命令如下：

```
[root@localhost ~]# touch /home/local_student/ftp/test.doc
```

使用 Xftp 连接 FTP 服务器，进入服务器资源图形管理界面，下载测试文件。

图 10-2   "新建会话属性"对话框

项目总结

　　本项目主要讲解了基于 Linux 和 FTP 搭建学习资源管理服务器的方法，关键点是在服务器端和客户端建立 FTP 连接，其中服务器端用于存放学习资源和学生用户访问信息，需要重点掌握服务器端软件安装与访问权限管理的方法。

　　FTP 学习资源服务器的搭建主要分安装 vsftpd、创建学生用户和资源目录以及配置访问权限 3 个步骤，其中重点、难点是理解 vsftpd 相关配置文件中配置项的含义和参数设置的方法，需要掌握相关命令的使用方法。

课后练习

1. 选择题

（1）以下选项中不属于 vsftpd 用户类型的是（　　　）。

　　　A. 系统超级用户　　　　　　　　　　　B. 匿名用户

课后练习答案
项目 10

  C. 本地用户   D. 虚拟用户

（2）vsftpd 的配置文件是（ ）。

  A. /etc/config/vsftpd   B. /etc/vsftpd/vsftpd.conf

  C. /var/vsftpd/vsftpd.conf   D. /etc/vsftpd.conf

（3）vsftpd 配置文件中 write_enable 配置项的作用是（ ）。

  A. 设置用户读权限   B. 设置用户写权限

  C. 设置用户登录权限   D. 密码占位符

（4）FTP 服务默认使用的端口号是（ ）。

  A. 21   B. 22   C. 23   D. 24

（5）将用户加入（ ）文件中可能会阻止用户访问 FTP 服务器。

  A. chroot_list   B. ftp_users   C. chroot_list   D. user_list

2. 填空题

（1）FTP 工作模式是＿＿＿＿和＿＿＿＿。

（2）vsftpd ftpusers 文件的作用是＿＿＿＿。

（3）请写出 3 种 FTP 客户端管理工具：＿＿＿＿、＿＿＿＿和＿＿＿＿。

3. 简答题

（1）简述搭建 FTP 服务器的步骤。

（2）简述 FTP 的 3 种用户的区别和各自的应用场景。

4. 实操题

  为了解学生的学习情况，进而方便安排技术人员为学生提供学习指导，A 公司与学校沟通后，决定由学校安排一名教师定期将学生学习总结报告上传到 A 公司的学习资源服务器中，请为教师创建 vsftpd 账号并分配上传文件权限。

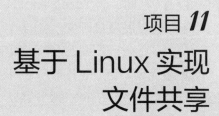

项目 *11*

基于 Linux 实现
文件共享

学习目标

知识目标

- 了解 SMB 协议的基础知识
- 掌握 Samba 服务端安装与配置的方法
- 掌握 Samba 常用配置的方法
- 掌握 Samba 客户端常用软件的安装与使用方法

能力目标

- 能够基于 Linux 搭建 Samba 文件共享服务器
- 能够通过 Linux 和 Window 访问 Samba 服务器
- 能够实现多用户多权限访问 Samba 服务器

素养目标

- 通过讲解中外公司合作开发的中国旅游景点宣传平台项目案例,展示中华优秀传统文化,以增强学生的文化自信
- 通过讲解 Samba 共享服务相关知识,培养学生的共建共享意识,引导学生树立构建人类命运共同体的理念

项目描述

思维导图
项目 11

　　A 公司为国内一家对外软件开发公司，与国外 B 公司建立了长期的合作关系。现 B 公司承接当地一家公司的"中国旅游景点宣传平台"项目，为了使该平台能够更好地体现中国文化元素，特邀请 A 公司合作开展项目研发。A、B 两家公司都拥有业务部、开发部、设计部和运维部 4 个项目研发相关部门，在项目开发期间两家公司各部门之间衔接密切，共享数据量庞大。为加强各部门之间数据互联互通，优化工作流程，提高工作效率，两家公司计划部署一台 Samba 服务器以实现资源共享，作为 A 公司运维人员，可根据以下要求完成服务器部署：

　　（1）基于 Linux 服务器搭建 Samba。

　　（2）为 A、B 公司各部门创建共享工作目录。

　　（3）为提升数据安全性，A、B 两家公司的部门员工访问共享文件时需使用账户和密码登录。为各部门创建一个管理账户，并设置为对应部门共享目录的管理员，管理员可以添加或删除部门下的账户信息。

　　（4）各部门员工只能在共享目录下创建、修改、删除文件和目录，无其他目录的访问权限。

知识学习

1. SMB 协议

基于 Linux 实现
文件共享

PPT

微课 11-1
SMB 协议

　　SMB（Server Messages Block，信息服务块）是一种在局域网上共享文件和打印机的通信协议，为局域网内的不同计算机之间提供文件及打印机等资源的共享服务。SMB 协议是 C/S 型协议，客户机通过该协议可以访问服务器上的共享文件系统、打印机及其他资源。

2. Samba 服务端

教学设计
基于 Linux 实现
文件共享

　　（1）Samba 简介

　　Samba 是一个在 Linux 和 UNIX 系统上实现 SMB 协议的免费软件，由服务器及客户端程序构成，通过设置"NetBIOS over TCP/IP"，Samba 不但能与局域网络主机分享资源，还能与全世界的计算机分享资源。

　　（2）Samba 服务组成

　　Samba 服务包括 smbd 服务和 nmbd 服务两部分，分别完成不同的功能。

1）smbd 服务

smbd 是 Samba 的核心启动服务，负责为客户机提供服务器中共享资源的访问。

微课 11-2
Samba 服务端

2）nmbd 服务

nmbd 负责提供基于 NetBIOS 协议的主机名称解析，以便于提供在 Windows 网络中的主机进行查询服务。

Samba 服务监听端口见表 11-1。

表 11-1　Samba 服务监听端口

TCP 端口	UDP 端口
139 | 445	137 | 138

（3）Samba 用户

基于 Linux 搭建 Samba 服务端时，Samba 用户需基于 Linux 本地用户创建，可以通过 smbpasswd 命令将本地用户添加为 Samba 用户并设置用户密码，smbpasswd 命令常用配置及说明见表 11-2。

表 11-2　smbpasswd 命令常用配置及说明

配置项	说　明
–a	添加本地系统用户为 Samba 用户，并设置密码
–d	禁用用户账号
–e	启用用户账号
–x	删除用户账号

（4）Samba 安全级别

Samba 服务器有如下 3 个安全级别：

1）user：基于本地的身份验证。

2）server：由另一台指定的服务器对用户身份进行认证。

3）domain：由域控制器进行身份验证。

旧版本的 Samba 支持的安全级别分别是 share、user、server 和 domain。其中 share 是用来设置匿名访问的，现在的版本已经不再支持 share，但是可以通过配置来实现匿名访问。

（5）Samba 配置文件

/etc/samba/smb.conf 文件是 Samba 的主配置文件，可以用来设置 Samba 的共享目录、访问权限等配置，其常用配置及说明见表 11-3。

表 11-3　smb.conf 常用配置及说明

配置项	说　　明
workgroup	设置工作组名称
server string	描述 Samba 服务器
security	设置安全级别，值可为 user、server 和 domain
passdb backend	设置共享账户文件类型
comment	设置共享目录注释
browseable	设置共享是否可见
writable	设置目录是否可写
path	设置共享目录的路径
guest ok	设置是否所有人可访问共享目录
public	设置是否允许匿名访问
write list	设置允许写入的用户和组，组用 @ 符号表示，例如：write list=user,@user
valid users	设置允许访问的用户和组，组用 @ 符号表示
hosts deny	设置拒绝访问的主机（黑名单）
hosts allow	设置允许访问的主机（白名单）

3.　Samba 客户端

微课 11-3
Samba 客户端

（1）基于 Windows 系统访问

在 Windows 系统的网络中心地址栏中输入 Samba 服务器的 IP 地址，然后再输入访问凭证，即可访问共享文件或打印机，前提是 Windows 系统需要开启 SMB 服务。

（2）基于 Linux 系统访问

Linux 用户可以安装客户端管理工具，通过命令访问 Samba 共享，常用的 Samba 共享资源管理工具是 smbclient，绝大部分的 Linux 发行版中，smbclient 软件包并不是预先安装的，所以需先安装 smbclient，命令如下：

```
[root@localhost ~]# yum install samba-client
```

安装完成后，执行以下命令可以访问 Samba 共享资源，假设服务器 IP 为 192.168.100.128，共享目录为 share，登录用户为 user，命令如下：

```
[root@localhost ~]# smbclient //192.168.100.128/share -U user
Enter SAMBA\Adesignadmin's password:
Try "help" to get a list of possible commands.
smb: \>
```

上面命令的执行结果中，按提示输入正确的密码后，则出现"Try 'help' to get a list

of possible commands."提示内容则代表登录成功。

项目实施

本项目基于 Linux 搭建 Samba 文件共享服务器，使 A、B 两家公司项目研发团队的成员能够登录 Samba 文件共享服务器，共享项目开发资源，下面分 4 个任务实现项目功能。

任务 11.1　安装服务器文件共享软件 Samba

基于 Linux 安装 SMB 服务器端软件 Samba，分为安装和启动两个步骤实现。

微课 11–4
安装服务器文
件共享软件
Samba

步骤 1　安装 Samba 共享服务软件

通过 root 身份登录 Linux 服务器，使用 yum 命令安装 Samba，命令如下：

```
[root@localhost ~]# yum install samba
# 省略安装过程……
```

使用 rpm 命令查看 Samba 安装信息，命令如下：

```
[root@localhost ~]# rpm -qa | grep samba
samba-common-4.13.3-3.el8.noarch
samba-4.13.3-3.el8.x86_64
samba-client-libs-4.13.3-3.el8.x86_64
samba-common-libs-4.13.3-3.el8.x86_64
samba-libs-4.13.3-3.el8.x86_64
samba-common-tools-4.13.3-3.el8.x86_64
```

若显示了安装信息，则代表 Samba 安装成功。

步骤 2　启动 Samba 共享服务软件

Linux 默认的防火墙配置中 Samba 相关服务端口是禁止访问的，即无法通过外部访问，因此需要修改防火墙配置，以放行 Samba 相关服务端口，命令如下：

```
[root@localhost ~]# firewall-cmd --add-service=samba --permanent
success
[root@localhost ~]# firewall-cmd --reload
success
[root@localhost ~]setenforce 0
```

使用 systemctl 命令启动 Smaba 服务，命令如下：

```
[root@localhost ~]# systemctl start smb.service
```

任务 11.2　创建各部门管理员用户、工作组和共享目录

微课 11-5
创建各部门管
理员用户、工作
组和共享目录

在完成 Samba 的安装后，还需进行各部门管理员用户、工作组以及共享工作目录的创建，分以下 4 个步骤实现。

步骤 1　创建各部门工作组

使用 groupadd 命令为 A、B 两家公司的各个部门创建一个工作组，方便进行成员管理和权限分配，命令如下：

```
[root@localhost ~]# groupadd Adesign
[root@localhost ~]# groupadd Adevelop
[root@localhost ~]# groupadd Aoperate
[root@localhost ~]# groupadd Abusiness
[root@localhost ~]# groupadd Bdesign
[root@localhost ~]# groupadd Bdevelop
[root@localhost ~]# groupadd Boperate
[root@localhost ~]# groupadd Bbusiness
```

步骤 2　创建各部门管理员用户并添加到工作组

使用 useradd 命令创建各部门管理员用户并同时添加到对应工作组中，添加 "-s /sbin/nologin" 选项禁止用户直接登录系统，命令如下：

```
[root@localhost ~]# useradd -g Adesign -s /sbin/nologin Adesignadmin
[root@localhost ~]# useradd -g Adevelop -s /sbin/nologin Adevelopadmin
[root@localhost ~]# useradd -g Aoperate -s /sbin/nologin Aoperateadmin
[root@localhost ~]# useradd -g Abusiness -s /sbin/nologin Abusinessadmin
[root@localhost ~]# useradd -g Bdesign -s /sbin/nologin Bdesignadmin
[root@localhost ~]# useradd -g Bdevelop -s /sbin/nologin Bdevelopadmin
[root@localhost ~]# useradd -g Boperate -s /sbin/nologin Boperateadmin
[root@localhost ~]# useradd -g Bbusiness -s /sbin/nologin Bbusinessadmin
```

步骤 3　创建各部门 Samba 管理员用户

使用 smbpasswd 命令添加 "-a" 选项将本地用户添加为 Samba 用户并修改密码，注意本地用户必须已经存在。以创建 Adesignadmin 用户为例，命令如下：

```
[root@localhost ~]# smbpasswd -a Adesignadmin
New SMB password:
Retype new SMB password:
Added user Adesignadmin.
```

运行结果提示 "Added user Adesignadmin."，代表用户创建成功。

同理，依次创建其他部门管理员的 Samba 用户。

步骤 4　创建各部门共享目录

在 /home 目录下创建一级共享目录 /home/ABshare，然后在 /home/ABshare 目录下创

建与各部门工作组同名的二级共享目录。使用 mkdir 命令创建目录，命令如下：

```
[root@localhost ~]# mkdir -p /home/ABshare
[root@localhost ~]# cd /home/ABshare
[root@localhost ABshare]# mkdir Adesign Adevelop Aoperate Abusiness
Bdesign Bdevelop Boperate Bbusiness
```

任务 11.3　各部门工作组权限分配

通过修改 Samba 配置文件，可以设置共享工作目录的属组为各部门工作
组，以及设置各部门工作组对共享目录的访问权限，分以下 3 个步骤实现。

步骤 1　设置共享目录属组

微课 11-6
重难点透析：各
部门工作组权
限分配

使用 chown 命令将各共享目录的属组设置为对应的工作组，属主设
置为对应工作组的管理员，命令如下：

```
[root@localhost ~]# chown Adesignadmin:Adesign /home/ABshare/Adesign
[root@localhost ~]# chown Adevelopadmin:Adevelop /home/ABshare/Adevelop
[root@localhost ~]# chown Aoperateadmin:Aoperate /home/ABshare/Aoperate
[root@localhost ~]# chown Abusinessadmin:Abusiness /home/ABshare/Abusiness
[root@localhost ~]# chown Bdesignadmin:Bdesign /home/ABshare/Bdesign
[root@localhost ~]# chown Bdevelopadmin:Bdevelop /home/ABshare/Bdevelop
[root@localhost ~]# chown Boperateadmin:Boperate /home/ABshare/Boperate
[root@localhost ~]# chown Bbusinessadmin:Bbusiness /home/ABshare/Bbusiness
```

步骤 2　分配共享目录访问权限

通过修改 Samba 的主配置文件进行权限分配，使用 vim 命令打开 smb.conf，添加相
关权限配置项，编辑前注意备份配置文件，命令如下：

```
[root@localhost ~]# cp /etc/samba/smb.conf /etc/samba/smb.conf.back
[root@localhost ~]# vim /etc/samba/smb.conf
# 省略其他内容……
# 一级共享目录权限配置
[ABsamba]
        # 配置描述
        comment = Shared Directory Configuration
        # 共享目录路径
        path = /home/ABshare
        # 允许写入
        writable = yes
        # 共享目录管理用户 / 用户组（用 @ 表示）
         admin users = @Adesign,@Adevelop,@Aoperate,@Abusiness,@Bdesign,
@Bdevelop,@Boperate,@Bbusiness
            # 允许访问的用户 / 用户组（用 @ 表示）
            valid users = @Adesign,@Adevelop,@Aoperate,@Abusiness,@Bdesign,
@Bdevelop,@Boperate,@Bbusiness
```

```
            # 用户创建文件的权限, 属主和属组有读、写、执行权限, 其他用户无访问权限
            create mask = 0770
            # 用户创建目录的权限, 属主和属组有读、写、执行权限, 其他用户无访问权限
            directory mask = 0770
    # A 公司设计部门共享目录权限配置
    [Adesign]
            # 配置描述
            comment = Shared Directory Configuration for Design Department
of Company A
            # 共享目录路径
            path = /home/ABshare/Adesign
            # 允许写入
            writable = yes
            # 共享目录管理用户 / 用户组, 组用 @ 表示
            admin users = Adesignadmin,@Adesign
            # 允许访问的用户 / 用户组, 组用 @ 表示
            valid users = @Adesign,@Adevelop,@Aoperate,@Abusiness,@Bdesign,
@Bdevelop,@Boperate,@Bbusiness
            # 用户创建文件的权限, 属主和属组有读、写、执行权限, 其他用户无访问权限
            create mask = 0770
            # 用户创建目录的权限, 属主和属组有读、写、执行权限, 其他用户无访问权限
            directory mask = 0770
    # 省略其他内容……
```

同理，根据 A 公司设计部门共享目录的权限配置，在 /etc/samba/smb.conf 中添加其他部门共享目录的权限配置，此处不再赘述。

使用 systemctl 命令重启 Samba，使配置生效，命令如下：

```
[root@localhost ~]# systemctl restart smb.service
```

任务 11.4　访问资源共享服务器

完成 Samba 服务器的搭建后，可以基于不同的系统对其进行访问，下面分别基于 Windows 和 Linux 系统讲解如何访问 Samba 资源共享服务器。

步骤 1　基于 Windows 访问 Samba 资源共享服务器

将虚拟机切换到 Windows 操作系统，在网络中心地址栏输入 Samba 服务器的 IP 地址并按 Enter 键以连接服务器，如图 11-1 所示。

微课 11-7
访问资源共享
服务器

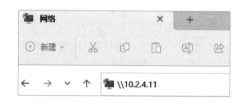

图 11-1　访问 Samba 服务器

根据提示输入 Adesignadmin 管理员用户的访问凭证，如图 11–2 所示。

图 11–2　访问凭证

登录成功后访问共享目录，并在共享目录中创建测试文件"test.docx"，如图 11–3 所示。

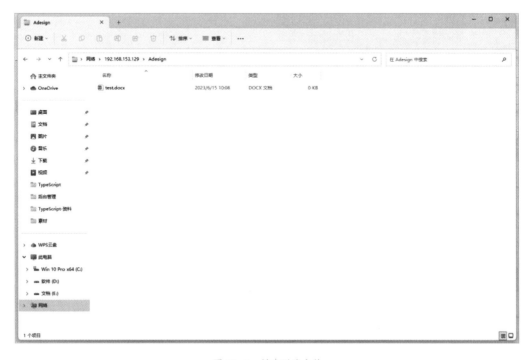

图 11–3　创建测试文件

步骤 2　基于 Linux 访问 Samba 资源共享服务器

在 Linux 客户端可以使用 smbclient 访问 Samba 服务器，使用 yum 命令安装 smbclient，命令如下：

```
[root@localhost ~]# yum install samba-client
# 省略安装过程……
```

安装完成后，执行以下命令访问 Samba 资源共享服务器，并删除上一步中创建的测试文件，命令如下：

```
[root@localhost ~]# smbclient //192.168.153.128/Adesign -U Adesignadmin
Enter SAMBA\Adesignadmin's password:
Try "help" to get a list of possible commands.
smb: \> ls
  .                                  D      0    Thu Jun 15 10:23:32 2023
  ..                                 D      0    Thu Jun  8 14:26:24 2023
  test.docx                          A      0    Thu Jun 15 10:23:30 2023
     38741524 blocks of size 1024. 33295164 blocks available
smb: \> rm test.docx
smb: \> ls
  .                                  D      0    Thu Jun 15 10:25:40 2023
  ..                                 D      0    Thu Jun  8 14:26:24 2023
     38741524 blocks of size 1024. 33295164 blocks available
```

可以看到 test.docx 文件已经被成功删除。

 操作要规范，小鹅有提醒

上述 IP 地址为本项目 Linux 服务器的 IP，读者切勿直接使用，使用时需切换成本地服务器的 IP 地址。

项目总结

本项目主要讲解了基于 Linux 和 SMB 协议搭建公司文件共享服务器的方法，服务器端使用的是 Samba 软件，在搭建流程和实现功能上与 FTP 有些相似，都是对系统资源进行用户权限的分配和管理，而其区别主要在于 Samba 主要用于实现系统之间的文件共享，用户可以在线编辑共享资源，FTP 则主要用于实现系统之间的文件传输，如果需要修改服务器文件，则需先下载到本地，修改后再上传回服务器，即 Samba 侧重共享，而 FTP 侧重传输。在实际工作中，可根据使用场景来判断究竟是使用 Samba 还是 FTP，如果选择不当不仅会降低工作效率，还可能会带来一些意想不到的风险。

Smaba 文件共享服务器搭建主要包含安装 Smaba、创建管理员用户、工作组和共享目录以及配置访问权限 3 个步骤，其中重点、难点是理解 Samba 配置文件配置项的含义和参数设置的方法，以及相关命令的使用方法。

课后练习

1. 选择题

（1）Samba 的主配置文件是（　　）。

    A. /etc/samba/config   B. /etc/samba/smb.conf

    C. /var/samba/smb.conf   D. /etc/samba.conf

（2）可以允许 198.168.0.3/24 访问 Samba 服务器的命令是（　　）。

    A. hosts enable=198.168.0   B. hosts allow = 198.168.0.

    C. hosts accept=198.168.0.0/24   D. hosts accept=198.168.0.

（3）以下（　　）是启动 Samba 服务的命令。

    A. smbd   B. nmbb

    C. smdb   D. 以上选项都不是

（4）Samba 服务的密码文件是（　　）。

    A. smb.conf   B. smb.config   C. smbclient   D. smbpasswd

（5）Samba 主配置文件不包括（　　）配置项。

    A. path   B. writable

    C. admin users   D. directory shares

2. 填空题

（1）Samba 的安全级别是_____、_____和_____。

（2）Samba 修改用户密码的命令是_____。

（3）Samba 的服务组成包括：_____和_____。

3. 简答题

（1）简述搭建 Samba 服务器的步骤。

（2）简述 Samba 服务器的应用场景。

4. 实操题

为了更加谨慎地进行权限管理，请设置 A、B 两家公司各部门员工只能在各自部门共享目录下创建、修改、删除目录和文件，在其他部门共享目录下只能查看目录和文件。同时，A、B 两家公司各安排一名项目负责人进行统筹管理，请为项目负责人创建 Samba 用户，并设置该项目负责人拥有共享目录下文件和目录的所有权限。

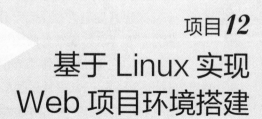

项目*12*
基于 Linux 实现 Web 项目环境搭建

学习目标

知识目标

- 了解 Apache 和 Nginx 技术
- 了解 Apache 和 Nginx 配置文件的作用
- 掌握 Apache 和 Nginx 常用配置的用法
- 掌握 Apache 和 Nginx 的安装与配置方法

能力目标

- 能够基于 Linux 安装 Apache 和 Nginx
- 能够使用 Apache 和 Nginx 部署 Web 项目
- 能够通过 Nginx 配置优化服务器性能
- 能够通过 Nginx 配置处理网络请求分发和代理

素养目标

- 通过讲解搭建社区智慧健康管理平台服务器的项目案例，引导学生积极参与社会服务，注重健康管理，为推进健康中国建设做出贡献
- 通过讲解 Nginx 和 Apache 服务器技术，引导学生学习和掌握新技术，培养学生的创新意识和实践能力，为推进信息化、创新型国家建设做出贡献

项目描述

思维导图
项目 12

　　某大型社区为提升社区居民健康管理服务，健全社区健康服务体系，实现居民在线免费健康咨询、在线购药、预约挂号等服务，特采购了一个社区智慧健康管理平台。作为社区智慧健康管理平台的运维人员，请根据下方要求完成平台的环境搭建：

　　（1）在 Linux 操作系统中安装 Apache 和 Nginx。

　　（2）使用 Apache 和 Nginx 部署社区智慧健康管理平台，其中 Apache 用来处理动态数据请求，Nginx 用来处理静态资源和动态请求转发。

知识学习

1. Nginx

　　（1）Nginx 简介

　　Nginx 是一个高性能的 HTTP 和反向代理 Web 服务器，因其稳定性、丰富的功能集、简单的配置文件和低系统资源的消耗而闻名，其特点是内存占用少，并发能力在同类型的网页服务器中表现较好。

　　（2）Nginx 的主要特性

　　1）高性能

基于 Linux 实现
Web 项目环境搭建

PPT

教学设计
基于 Linux 实现
Web 项目环境搭建

　　Nginx 使用事件驱动模型，支持更多的并发连接，在高负载的情况下仍然能够保持良好的性能。

　　2）轻量级

　　Nginx 资源占用少，配置简单，使用方便、易上手。

　　3）可拓展性

　　Nginx 支持众多的第三方模块，支持自定义开发，能够实现更多的功能。

　　4）热部署

　　Nginx 支持在不停止服务的情况下更新配置或升级软件，几乎能够做到 7×24 小时不间断运行。

　　（3）Nginx 配置文件

　　nginx.conf 是 Nginx 的主配置文件，整体结构为嵌套结构，分为全局块、events 块、http 块、server 块和 location 块，各块的介绍如下。

　　1）全局块：Nginx 全局配置。

　　2）events 块：网络连接配置，可配置最大进程连接数、数据驱动

微课 12-1
Nginx 介绍

模式等内容。

3）http 块：代理、缓存、日志、第三方模块等功能配置，可嵌套多个 server。

4）server 块：虚拟主机配置。

5）location 块：路由和页面处理配置。

其中每一行配置需以 ";"（英文分号）结束，注释符号为 "#"。nginx.conf 主要配置项及说明见表 12-1。

表 12-1　nginx.conf 主要配置项及说明

配置项	说　明
user	全局块，可以运行 Nginx 的用户或用户组，默认为 nginx
work_processes	全局块，Nginx 进程数，一般设置为服务器 CPU 内核数
error_log	全局块，错误日志存放目录
pid	全局块，进程 pid 位置
worker_connections	events 块，单个进程的最大并发数
include	http 块，文件扩展名与文件类型映射表
default_type	http 块，默认文件类型
charset	http 块，默认编码
client_max_body_size	http 块，最大上传文件的大小
autoindex	http 块，是否自动创建索引列表，默认否
keepalive_timeout	http 块，长连接超时时间，单位为秒
FastCGI	http 块，相关配置可以减少资源占用，提高访问速度
listen	server 块，监听端口
server_name	server 块，域名，多个域名用 ","（英文逗号）隔开
index	server 块，入口文件
root	server 块，网站根目录
location	Nginx 中的块级指令，location 有两种匹配规则：第一种为 URL 匹配类型，有四种参数可选，语法为 location [= | ~ | ~* | ^~] url {…}；第二种为命名 location，用 @ 标识，语法为 location @name { … }

2.　Apache

（1）Apache 简介

Apache HTTP Server（简称 Apache）是 Apache 软件基金会的一个开源的 Web 服务器，可以在 Windows、Linux、macOS 等主流操作系统中运行，以其多平台和安全性而被广泛使用，是最流行的 Web 服务器端软件之一。它快速、可靠，并且可通过简单的 API 扩展，将 Perl、Python 等解释器编译到服务器中。

微课 12-2
Apache 介绍

（2）Apache 的主要特性

1）高度模块化

Apache 是一个模块化的程序，管理员可以选择一些模块来增加服务器的某些功能。

2）动态加载 / 卸载模块

Apache 可以在不重启服务的情况下加载和卸载模块并使其生效。

3）多路处理模块

Apache 有 3 种工作模式：① 多进程 I/O 模型（prefork），一个进程处理一个请求，是 Apache 的默认工作模式；② 复用多进程 I/O 模型（worker），主进程可生成多个子进程，每个子进程可生成多个线程，一个线程处理一个请求，该模式内存占用小，适用于大型网站；③ 事件驱动模型（event），与 worker 工作模式类似，区别是每个子进程对应的线程划分更加详细，分为管理线程和服务线程两种。

（3）Apache 配置文件

httpd.conf 是 Apache 的主配置文件，Apache 服务器的配置信息全部存储在主配置文件中，其中大部分内容是注释信息，注释符号为"#"。httpd.conf 主要配置说明见表 12-2。

表 12-2　httpd.conf 主要配置说明

配置项	说　明
ServerRoot	服务器根目录（Apache 安装目录），其他配置项中使用的相对路径，都是相对于服务器根目录的路径
Listen	服务器监听的端口，可同时指定地址、端口和协议
DocumentRoot	网站根目录
LoadModule	加载动态模块
User	进程执行用户
Group	进程执行用户组
ServerAdmin	管理员的邮箱地址，在返回给客户端的错误信息中会包含该地址
ServerName	服务器域名
<Directory>	封装作用于指定目录的一组指令
<Files>	基于文件名的访问控制
<IfModule>	封装作用于指定模块的一组指令
DirectoryIndex	请求目录时查询的资源列表
ErrorLog	错误日志文件
LogLevel	错误日志的详细程度
include	引入其他配置文件

3. Nginx 和 Apache 动静分离

Nginx 和 Apache 是当今互联网主流的 Web 服务器，它们都为 Web 项目提供托管服务。Apache 和 Nginx 之间的主要区别在于它们处理客户端请求的模式不同，Apache 使用流程驱动，一个线程处理一个请求，而 Nginx 使用事件驱动，可以在一个线程中处理多个请求。Nginx 在许多方面都无法与功能丰富的 Apache 竞争，但它的异步状态和单线程架构使其在性能方面优于 Apache。

微课 12-3
重难点透析：高
性能服务器
技术

其实，Apache 和 Nginx 可以结合使用，从而发挥各自的优点，搭建高性能的 Web 服务器。可以将 Nginx 作为代理服务器，处理静态内容，并将动态请求转发给 Apache 处理，实现动静分离。

项目实施

本项目将基于 Linux 搭建动静分离的高性能 Web 服务器环境，用于部署社区智慧健康管理平台，通过安装配置 Nginx 和 Apache 服务器软件，以处理社区智慧健康管理平台的静态资源和动态请求，可通过如下 3 个任务实现项目功能。

任务 12.1 搭建平台静态资源处理服务器（Nginx）

微课 12-4
搭建平台静态
资源处理服务
器（Nginx）

搭建社区智慧健康管理平台的静态资源处理服务器，使用 Nginx 处理静态资源和动态请求转发，需要安装 Nginx 及其相关环境依赖，并启动相关服务，分以下 3 个步骤实现。

步骤 1 安装 Nginx 环境依赖

安装 Nginx 需要依赖 C++、OpenSSL、PCRE 和 zlib，否则会导致 Nginx 安装编译失败。使用 yum 命令安装相关依赖，命令如下：

```
[root@localhost ~]# yum install gcc-c++make
# 省略安装过程……
[root@localhost ~]# yum install openssl openssl-devel
# 省略安装过程……
[root@localhost ~]# yum install pcre pcre-devel
# 省略安装过程……
[root@localhost ~]# yum install zlib zlib-devel
# 省略安装过程……
```

有问必有答，小鹅小百科

上面所安装的 Nginx 环境依赖分别有如下的作用：

（1）C++：编译器，用来编译其他依赖。

（2）OpenSSL：安全套接字层密码库，为 Nginx 提供 HTTPS 协议支持。

（3）PCRE：正则表达式库，Nginx 使用 PCRE 来解析正则表达式。

（4）zlib：压缩库，Nginx 使用 zlib 对 http 包的内容进行压缩。

步骤 2　安装 Nginx

在 /usr/local 目录中创建 Nginx 安装目录，命令如下：

```
[root@localhost ~]# mkdir -p /usr/local/nginx
```

进入 Nginx 安装目录，使用 wget 命令下载 Nginx 安装包，然后使用 tar 命令解压安装包，命令如下：

```
[root@localhost ~]# cd /usr/local/nginx
[root@localhost nginx]# wget http://nginx.org/download/nginx-1.24.0.tar.gz
[root@localhost nginx]# tar -xvf nginx-1.24.0.tar.gz
```

进入解压后的 /usr/local/nginx/nginx-1.24.0 目录，执行配置文件脚本，生成编译的配置文件，命令如下：

```
[root@localhost nginx]# cd nginx-1.24.0
[root@localhost nginx-1.24.0]# ./configure
[root@localhost nginx-1.24.0]# make
```

执行 Nginx 安装命令，命令如下：

```
[root@localhost nginx-1.24.0]# make install
# 省略安装过程……
```

步骤 3　启动 Nginx

在启动 Nginx 前，需要先开放服务器 80 号端口（Nginx 默认端口号为 80），并重启防火墙，命令如下：

```
[root@localhost nginx-1.24.0]# firewall-cmd --add-port=80/tcp --permanent
[root@localhost nginx-1.24.0]# firewall-cmd --reload
```

进入 /usr/local/nginx/sbin 目录，执行 ./nginx 脚本启动 Nginx，命令如下：

```
[root@localhost nginx-1.24.0]# cd /usr/local/nginx/sbin
[root@localhost sbin]# ./nginx
```

使用 curl 命令访问本机 80 号端口，查看服务是否启动，命令如下：

```
[root@localhost nginx-1.24.0]# curl 127.0.0.1
<!DOCTYPE html>
<html>
# 省略其他内容……
```

```
<body>
<h1>Welcome to nginx!</h1>
# 省略其他内容……
</body>
</html>
```

执行上述命令后，将显示 Nginx 欢迎页代码，代表 Nginx 启动成功。

为了方便启动 Nginx，可以将其设置为开机自动启动。使用 vim 命令打开系统开机自启服务配置文件，在底部添加 Nginx 开机自启配置信息，命令如下：

```
[root@localhost sbin]# vim /etc/rc.local
# 省略其他内容……
# 开机启动 Nginx
/usr/local/nginx/sbin/nginx
```

任务 12.2　搭建平台动态请求处理服务器（Apache）

搭建社区智慧健康管理平台的动态请求处理服务器，使用 Apache 处理动态请求，需要安装 Apache 并开启相关服务，分以下 3 个步骤实现。

微课 12-5
搭建平台动态
请求处理服务
器（Apache）

步骤 1　安装 Apache 环境依赖

安装 Apache 需要依赖 apr-util-devel、pcre-devel 和 pkgconfig，否则会导致 Apache 安装编译失败，使用 yum 命令安装相关依赖，命令如下：

```
[root@localhost ~]# yum install apr-util-devel pcre-devel pkgconfig
redhat-rpm-config-y
# 省略安装过程……
```

步骤 2　安装 Apache

在 /usr/local 目录中创建 Apache 安装目录，命令如下：

```
[root@localhost ~]# mkdir -p /usr/local/apache
```

进入 Apache 安装目录，使用 wget 命令下载 Apache 安装包，然后使用 tar 命令解压安装包，命令如下：

```
[root@localhost ~]# cd /usr/local/apache
[root@localhost apache]# wget https://changetm.oss-cn-beijing.aliyuns.
com/book/httpd/httpd-2.4.57.tar.gz
[root@localhost apache]# tar -zxvf httpd-2.4.57.tar.gz
```

进入解压后的 /usr/local/apache/httpd-2.4.57 目录，执行配置文件脚本，生成编译的配置文件，命令如下：

```
[root@localhost apache]# cd httpd-2.4.57
[root@localhost httpd-2.4.57]# ./configure --prefix=/usr/local/apache
--enable-rewrite --enable-so --enable-charset-lite --enable-cgi --enable
-mpms-shared=all
[root@localhost httpd-2.4.57]# make
```

有问必有答，小鹅小百科

上面执行 ./configure 脚本时添加的选项的作用如下：

（1）prefix：指定将 httpd 服务程序安装到哪个目录下。

（2）enable-rewrite：启用网页地址重写功能，用于网站优化及目录迁移维护。

（3）enable-so：启用动态加载模块支持，使 httpd 具备进一步扩展的能力。

（4）enable-charset-lite：启动字符集支持，以便支持使用各种字符集编码的网页。

（5）enable-cgi：启用 CGI 脚本程序支持，便于扩展网站的应用访问能力。

（6）enable-mpms-shared=all：启用 MPM 所有支持的模式，从而使 event、worker、prefork 以模块化的方式安装，使用时在 httpd.conf 里进行配置即可。

执行 Apache 安装命令，命令如下：

```
[root@localhost httpd-2.4.57]# make install
```

步骤 3　修改 Apache 默认端口

因为 Apache 与 Nginx 的默认端口号均是 80，为了避免端口冲突，将 Apache 的默认端口号修改为 8080。使用 vim 命令打开 Apache 配置文件 httpd.conf，修改端口配置，修改前应先进行备份，命令如下：

```
[root@localhost ~]# cp /usr/local/apache/conf/httpd.conf /usr/local/
apache/conf/httpd.conf.bak
[root@localhost ~]# vim /usr/local/apache/conf/httpd.conf
# 省略其他内容……
ServerName localhost:8080
Listen 8080
# 省略其他内容……
```

修改防火墙配置，开放服务器 8080 端口，并重启防火墙，命令如下：

```
[root@localhost ~]# firewall-cmd --add-port=8080/tcp --permanent
success
[root@localhost ~]# firewall-cmd --reload
success
```

步骤 4　启动 Apache

通过执行安装目录中的 apachectl 脚本文件可以启动 Apache，但是为了更加方便地管理 Apache，简化启动命令，可以将 apachectl 脚本文件复制到 /etc/init.d 目录下，实现使用 service 命令启动 Apache，命令如下：

```
[root@localhost ~]# cp /usr/local/apache/bin/apachectl /etc/init.d/httpd
[root@localhost ~]# service httpd start
```

任务 12.3　实现 Web 服务器动静分离

社区智慧健康管理平台项目使用的后端开发语言是 PHP，需要通过修改 Nginx 配置，实现 Nginx 接收动态请求并将请求转发给 Apache 和 PHP 处理，分以下两个步骤实现。

微课 12-6
实现 Web 服务
器动静分离

步骤 1　安装 PHP 和相关软件

使用 yum 命令安装 PHP 和相关软件，命令如下：

```
[root@localhost ~]# yum install php php-cli php-common php-mysqlnd php-
gd php-ldap php-odbc php-pear php-xml php-xmlrpc php-mbstring php-snmp php-soap
curl curl-devel php-bcmath -y
# 省略安装过程……
```

完成 PHP 的安装后，还需要修改 Aapache 配置，并添加 PHP 模块相关配置，使用 vim 命令打开 httpd.conf，修改前应先进行备份，命令如下：

```
[root@localhost ~]# cp /usr/local/apache/conf/httpd.conf/usr/local/
apache/conf/httpd.conf.bak
[root@localhost ~]# vim /usr/local/apache/conf/httpd.conf
# 省略其他内容……
# 加载 PHP 模块
LoadModule php7_module        /usr/lib64/httpd/modules/libphp7.so
# 修改以下两行注释，切换 Apache 模式为 prefork
LoadModule mpm_prefork_module modules/mod_mpm_prefork.so
#LoadModule mpm_event_module modules/mod_mpm_event.so
# 设置默认首页为 index.html 和 index.php
<IfModule dir_module>
    DirectoryIndex index.html index.php
</IfModule>
# 添加 MIME 类型的指令，识别 PHP 脚本文件
AddType application/x-httpd-php.php
# 引入 MPM 拓展配置文件
Include conf/extra/httpd-mpm.conf
```

重启 Apache 使配置生效，命令如下：

```
[root@localhost ~]# service httpd stop
```

```
[root@localhost ~]# service httpd start
```

PHP 默认网站的根目录为 /usr/local/apache/htdocs，入口文件为 index.php，简单修改入口文件内容，以便查看运行效果。使用 vim 命令打开 index.php，输出提示内容，命令如下：

```
[root@localhost ~]# vim /usr/local/apache/htdocs/index.php
<?php
  echo "Apache 处理智慧健康管理平台动态请求 ";
?>
```

使用 curl 命令访问 8080 号端口，查看 PHP 是否成功运行，命令如下：

```
[root@localhost ~]# curl 127.0.0.1:8080
Apach 处理智慧健康管理平台动态请求
```

步骤 2　配置动态请求转发

在 Nginx 配置文件中添加 location 块，匹配扩展名为 PHP 的请求，将请求转发给 Apache 服务端口。使用 vim 命令打开 nginx.conf，添加配置信息，修改前应先进行备份，命令如下：

```
[root@localhost ~]# cp /usr/local/nginx/conf/nginx.conf/usr/local/
nginx/conf/nginx.conf.bak
[root@localhost ~]# vim /usr/local/nginx/conf/nginx.conf
# 省略其他内容……
# 将 PHP 请求转发给 8080 端口
server {
  location ~ \.php$ {
    proxy_pass http://127.0.0.1:8080;
  }
}
```

重启 Nginx，使配置生效，命令如下：

```
[root@localhost ~]# /usr/local/nginx/sbin/nginx
```

步骤 3　配置静态资源请求处理

在 /usr/local/nginx/html 新建 static 目录，作为静态资源目录，命令如下：

```
[root@localhost ~]# mkdir /usr/local/nginx/html/static
```

在 Nginx 配置文件中添加 location 块，匹配静态资源文件类型，设置静态资源缓存为 7 天。使用 vim 命令打开 nginx.conf，添加配置信息，修改前应先进行备份，命令如下：

```
[root@localhost ~]# cp /usr/local/nginx/conf/nginx.conf /usr/local/
nginx/conf/nginx.conf.bak
```

```
[root@localhost ~]# vim /usr/local/nginx/conf/nginx.conf
# 省略其他内容……
# 静态资源路由
server {
# 省略其他内容……
  location ~ .*\.(gif|jpg|png|pdf|iconfont)$  {
     # 静态资源目录
     root  /usr/local/nginx/html/static;
     # 静态资源缓存时间(天)
     expires  7d;
  }
}
```

重启 Nginx，使配置生效，命令如下：

```
[root@localhost ~]# /usr/local/nginx/sbin/nginx-s stop
[root@localhost ~]# /usr/local/nginx/sbin/nginx
```

使用浏览器输入服务器的 IP 地址并按 Enter 键，能够看到如图 12-1 所示的页面效果，说明配置成功。

服务器环境已经搭建完成，将智慧健康管理平台项目代码上传到服务器项目根目录，便可完成项目的部署与发布。

图 12-1　页面效果

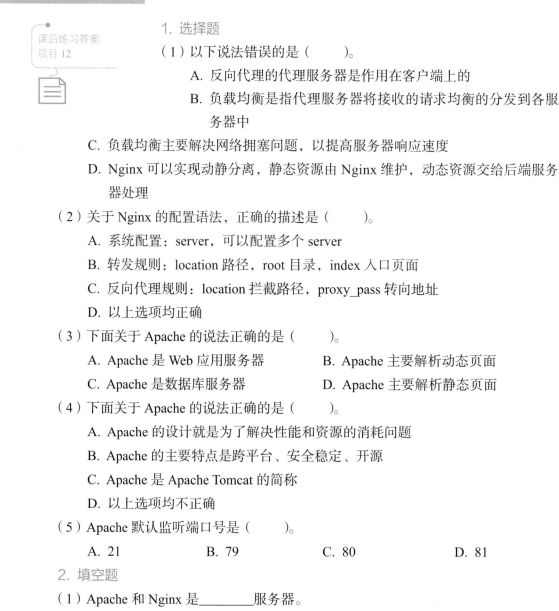

项目总结

　　本项目主要讲解基于 Linux 搭建社区智慧健康管理平台项目环境的方法，为社区居民提供便利的健康服务，健全社区公共服务体系。读者需要重点掌握的知识有 Nginx、Apache 和相关软件的安装方法，以及通过 Nginx 和 Apache 配置实现动静分离，从而优化服务器性能。同时读者通过学习本项目，提高自身的健康管理意识和社会服务意识。

课后练习

课后练习答案
项目 12

1. 选择题

（1）以下说法错误的是（　　　）。

　　A. 反向代理的代理服务器是作用在客户端上的

　　B. 负载均衡是指代理服务器将接收的请求均衡的分发到各服务器中

　C. 负载均衡主要解决网络拥塞问题，以提高服务器响应速度

　D. Nginx 可以实现动静分离，静态资源由 Nginx 维护，动态资源交给后端服务器处理

（2）关于 Nginx 的配置语法，正确的描述是（　　　）。

　　A. 系统配置：server，可以配置多个 server

　　B. 转发规则：location 路径，root 目录，index 入口页面

　　C. 反向代理规则：location 拦截路径，proxy_pass 转向地址

　　D. 以上选项均正确

（3）下面关于 Apache 的说法正确的是（　　　）。

　　A. Apache 是 Web 应用服务器　　　　　B. Apache 主要解析动态页面

　　C. Apache 是数据库服务器　　　　　　D. Apache 主要解析静态页面

（4）下面关于 Apache 的说法正确的是（　　　）。

　　A. Apache 的设计就是为了解决性能和资源的消耗问题

　　B. Apache 的主要特点是跨平台、安全稳定、开源

　　C. Apache 是 Apache Tomcat 的简称

　　D. 以上选项均不正确

（5）Apache 默认监听端口号是（　　　）。

　　A. 21　　　　　　　　B. 79　　　　　　　　C. 80　　　　　　　　D. 81

2. 填空题

（1）Apache 和 Nginx 是_____服务器。

（2）Nginx 服务器特性包括_____、_____、_____等。

（3）Apache 的主配置文件是_____。

3. 简答题

（1）简述 Apache 和 Nginx 的优缺点。

（2）简述如何搭建 Apache 和 Nginx 动静分离服务器。

4. 实操题

社区在部署智慧健康管理平台后，为居民提供了极其便利的健康服务，为进一步提升社区公共服务水平，社区计划部署一个居民健身器材管理平台，通过平台记录居民参与健身活动的情况，从而优化社区健身设施和推广措施，请基于 Linux 搭建该服务器环境。

参考文献

［1］ 许斗，夏跃武．Linux 网络操作系统配置与管理［M］．3 版．北京：高等教育出版社，2023.

［2］ 颜晨阳．Linux 网络操作系统任务教程［M］．北京：高等教育出版社，2020.

［3］ 沈平，潘志安，唐娟．Linux 操作系统应用［M］．3 版．北京：高等教育出版社，2021.

［4］ 黑马程序员．Linux 网络操作系统项目化教程［M］．北京：高等教育出版社，2023.

［5］ 杨云．Red Hat Enterprise Linux 7.4 网络操作系统详解［M］．北京：清华大学出版社，2019.

［6］ 鸟哥．鸟哥的 Linux 私房菜基础学习篇［M］．4 版．北京：人民邮电出版社，2018.

［7］ 刘遄．Linux 就该这么学［M］．北京：人民邮电出版社，2016.

［8］ Daniel J. Barrett．Linux 命令速查手册［M］．3 版．北京：中国电力出版社，2018.

［9］ 千锋教育高教产品研发部．Linux 系统管理与服务配置实战［M］．北京：人民邮电出版社，2020.

［10］刘开茗．Linux 服务器配置与管理［M］．西安：西安电子科技大学出版社，2020.

读者意见反馈

为收集对教材的意见建议，进一步完善教材编写并做好服务工作，读者可将对本教材的意见建议通过如下渠道反馈至我社。

咨询电话 400-810-0598

反馈邮箱 gjdzfwb@pub.hep.cn

通信地址 北京市朝阳区惠新东街 4 号富盛大厦 1 座 高等教育出版社
总编辑办公室

邮政编码 100029